孤独患者 拯救指南

龚莞婷 著

GUDU HUANZHE ZHENGJIU ZHINAN

百花洲文艺出版社
BAIHUAZHOU LITERATURE AND ART PRESS

图书在版编目（CIP）数据

　　孤独患者拯救指南 / 龚莞婷著. — 南昌 : 百花洲
文艺出版社, 2017.10（2018.1重印）
　　ISBN 978-7-5500-2458-8

　　Ⅰ.①孤… Ⅱ.①龚… Ⅲ.①散文集—中国—当代
Ⅳ.①I267

　　中国版本图书馆CIP数据核字（2017）第244997号

出 版 者　百花洲文艺出版社
社　　址　江西省南昌市红谷滩新区世贸路898号博能中心一期A座20楼　　邮编：330038
电　　话　0791-86895108（发行热线）　0791-86894790（编辑热线）
网　　址　http://www.bhzwy.com
E－mail　bhzwy0791@163.com

书　　名　孤独患者拯救指南
作　　者　龚莞婷
出 版 人　姚雪雪
出 品 人　柯久明　吴　铭
特约监制　郑心心
责任编辑　杨　旭
特约策划　郑心心
特约编辑　白亚洁
封面设计　辰星书装
经　　销　全国新华书店
印　　刷　三河市龙林印务有限公司
开　　本　880mm × 1230mm　1/32
印　　张　8
字　　数　120千字
版　　次　2017年10月第1版
印　　次　2018年1月第2次印刷
书　　号　ISBN 978-7-5500-2458-8
定　　价　38.00元

赣版权登字：05-2017-407

目录 CONTENTS

CHAPTER 03 当你躲在空窗期的观望台

——一个人是撑不起一座摩天大楼的。

CHAPTER 04 恋爱时，才发现单身留下的那些后遗症

——这世界上，唯一能永恒的就是恋爱中女人的幻想。

CHAPTER

05

"请你用心点套路我"

——满屏情话，不如一见。

目录 CONTENTS

CHAPTER

_01

原生家庭对恋爱
潜移默化的影响

——人终其一生，会被其年少不可得之物困扰一生。

总算到了"不算早恋"的年纪，却再也不想恋爱了

当初他们反对早恋，现在我却开始觉得恋爱很麻烦。

当我终于等到"不算早恋"的年纪，却基本笃定自己和谁在一起都不会长久。

慢慢的，我开始陷入一种"谁都可以""谁都不行"的状态。

就在不久前，我认识一个跟我各方面都蛮搭的男孩子。

我们一起吃饭、玩电玩桌游、去密室逃脱，哪怕是"蹲在马路边猜下一个路过的行人穿什么颜色的衣服"这种事都不觉乏味。

总之我们在一起很开心，但彼此都心知肚明地没戳破那一层关系。

你可能会说，你们真的有必要这样吗？互相喜欢就不能好好在一起吗？

可真相是，从我们认识那天起，彼此就已经摊牌——我们都成了无法接受在感情上大起大落的人，还不如就一切随缘，好聚好散。

追溯到根本原因：

当年家长反对所谓的"早恋",却是我们自觉撞上"爱情"最单纯美好的时候。

直到家长们终于联手,成功把当年的感情逼得胎死腹中,以致现如今我们无论遇到什么样的感情,都不再那么悸动了。

简单来说,那感觉好像是——我成功地使自己与生活保持一段距离,避免去深入事物的核心。

我吃东西,我工作,我交朋友,我看书打网球,然而尽管如此,我并不在那儿。

这么说起来好像太矫情,但仔细思量一下,真实的自己又何尝不是这样?

明明还尚未拥有百毒不侵的内心啊,却提前丧失了热泪盈眶的能力。

《颐和园》里说:有一种东西,它会在某个夏天的夜晚像风一样突然袭来,让你猝不及防,无法安宁,与你如影随形,挥之不去,我不知道那是什么,只能称它为爱情。

而我的13岁,就遇见了这么一缕夏天的风。

那时候真的太懒,每天都压点到学校,早读下课必定会掏出煎饼兴冲冲地去教室外面吃早饭,等到上课铃打响了,屁颠屁颠儿跑回座位的时候,总会眼前一亮——桌上堆满了棒棒糖。

那是最初最纯净最无杂质沾染的感情,那一刻我满脸堆笑。

糖果上有五种颜色的包装纸,它们拼凑在一起,就像教室窗外雨后的一抹彩虹。

不用说啦,是那个男孩子送的。

后来,在那个他用QQ给我表白的晚上,我全身发抖,神经紧绷,犹如做贼心虚一般。

为了掩饰着那份羞涩,大夏天的,我竟然对爸妈说冷,让他们给我从橱柜里掏棉袄……很快,我们在一起了。

之所以我把这段感情称之为爱情，里面有几个具体实例：

1. 他每天放学送我回家，为了避人耳目，却能在下课铃一打响就冲出去到班主任的摩托车旁边蹲点，要眼睁睁看着班主任走了，再回到教室找我。

2. 冬天。

我们经常在班级里一坐就是几个小时不运动特冷，他就把他那件黑色厚夹克脱下来给我穿，当我闻到衣服上留下了他特有的气味时，在课堂上突然坐得笔直。

3. 从第一排传到最后一排的小纸条，饱尝了这期间内心的七荤八素。

4. 我会趁爸妈下班没回家之前，先用固定电话给他的手机打电话，计算好时间，最后在"你挂吧""你来挂吧"的你侬我侬和依依不舍中被迫挂断。

我记性一向很差，但他电话里的这11位排序毫无逻辑的数字，竟成了我在那段时光里，较于自己名字记得更牢靠的东西。

那时候，我们小小的世界里，却储存了很多"永远"，那时候我们还相信永远。

"你是我的，我是你的，我们是对方的，我们谁也不是其他人的。"

夏天再热，都热不过我们的感情。

可几年后呢？二十来岁了。

哪怕我们和一个互相有好感的人一晚上什么都不干，连煲五个小时长途电话粥，却也能看得清楚——那的确是当初恋爱时的感觉，但这段关系你替我说是什么都可以，我偏偏不承认是爱情。

曾经小鹿也乱撞过，现在小鹿撞死了。

渐渐地，我发现爱情这口锅，被填充了很多纷繁的元素，它越来越像一个魔方，每当我凭借小聪明恰好拼好了其中一面、两面……可每到最后总是残缺那么一块两块，一切都于事无补了。

我有一个关系很好的男性朋友，他各方面都很优秀，长得也不赖，也不乏自己心仪的女孩子喜欢，但他已经整整三年没认真恋爱过了。

理由是：

1．反正和谁在一起都注定要分开，不在一起就不在一起吧。

2．有这个时间，还是在事业上先磨出棱角才是当前首要任务。

这番话一下子触动了我的神经，我问他："为什么会这样啊？"

他说：

"在我高中的时候，遇见了迄今为止最动心、最想拿命来换、最愿付之一炬，只为博她一笑的女孩。

那段时间，我每天早上都不再赖床；

一上课就精神抖擞，想表现点什么给她看；

我感觉到自己的一举一动都有人在关注着，我喜欢这种'同一频率的恋人'。

但结果，在老师和爸妈的阻拦下，我和她的感情无疾而终，以致直到现在我都不敢听到她的名字。"

我忽然想起一句话：

"人终其一生，会被其年少不可得之物困扰一生"。

是啊，这样的病根留下来后患无穷，他让我觉得——或许我这么大了，就不适合谈恋爱了，爱情本身就是个可遇不可求的东西。

毕竟，我曾经那么用力爱过的人，现在理所应当地躲在另一个人的怀里，那么这世界又有什么不可失去的呢？

原来爱情，也不过尔尔了。

父母他们啊，在我们刚一触碰到爱情的甜美时，就不断教唆我们这是在"偷吃禁果"，本身维系一段感情已经够难了，还非要被他们打上了一个"早恋是坏学生"的记号，于是我们总算学会步步为营、频频回首，却再也捡不回当时懵懂的感觉。

久而久之，在几次饱尝失败痛苦之后，我开始形成一种思维定式——从来没害怕谁会走，反正谁来的时候也没说过要久留。

很快，我们开始惧怕用"关系"绑住对方，用"承诺"捆住彼此的神经，甚至鄙视用"道德"搪塞每个人都具有选择更好的权利。

希特勒说过，我建议你还是去打仗别去爱了，因为在战争里不是死便是活。

但是在爱里，你既死不了，也活不好。

小时候缺爱，
成年后如何解决

小时候"缺爱"长大后最明显的一点表现是：我总是可以跟一个陌生人的关系，在几天内迅速升温。

"小时候我爸妈特别忙，那会儿家里生意特别好，请了两个保姆，在幼儿园住宿回家后，他们总会给我买了很多光盘，奥特曼，假面骑士，圣斗士星矢什么的，家里的光盘有两个大纸箱。

他们总是很晚回来。给他们打了好多个电话才回来。于是五六岁的时候我就常常12点左右才睡觉。夜深的时候我怕黑，小时候很怕黑，要鼓起很大的勇气才敢从亮的地方冲到黑的地方去开灯。"

以上这些是一个男生告诉我的，听完他的话让我很动容，其实缺爱的人呐，老容易有一种随随便便就把别人当救赎的病。

一年前的今天，是我认识前男友的第五天，我马不停蹄地买了机票飞到另一个城市，很可惜，最终南来北往，陷人以罪。

一直以来，我都不敢对外声张自己"性格缺爱"，可细一想，我总是这样源源不断地渴求借助外力获得爱和认同，又算什么呢？

我发现自己总是可以跟一个陌生人的关系，在几天内迅速升温，并且在那一刻，那个人在我心里的地位真可谓能让我誓死捍卫，谁也替代不了。

我还会一步一回首，时刻监视自己到底能否从这种关系里得到我想要的——被认同、被照顾、相互抱团取暖，期待它们能替我赶走那些阴魂不散的霾。

我们在某种机缘巧合下认识，也许是那时候我们都在给自己放假的缘故，在网络上你一来我一往的，很快他开始每天给我打长途电话，甚至有一次连续打了五个小时，也没有谁刻意找着话题，没有尴尬地间断，两个人就抱着电话依偎在有暖气的被窝里取暖。

我发现他和我真的很合拍——我们都爱看剧。他喜欢《大叔》里的小女孩儿金赛纶，我喜欢《大叔》里的大叔；

我们都喜欢脑洞。他给拍他桌上乙一的书，我笑着说前几天刚看完两本；

不同的是他爱猫我爱狗，他不能没有酒，我做不到一醉方休；

但这都不妨碍了，不妨碍我在电话里闭着眼听他说他的过去，脑海中却仿佛出现过往的自己；

他也不会因为比我年长就强行灌输我硬道理，相反地，他会觉得我明明喜欢他、翻遍他所有社交平台的信息，却又不主动找他的那股子执拗劲很可爱。

我承认，在那一瞬间，我身上之前所沾染的"不被任何人选中""不被谁特别疼爱过"的痕迹，统统被一扫而光。

我开始全身心地投入到这段感情，用力地去爱每一寸，去感受去体悟去想办法延长再延长，慢慢地，我特别想从这段感情里得到某些类似救赎的东西。

得到救赎？

其实说起来也挺羞耻的，原生家庭给我带来的伤害，可以说是像慢性毒素一样，一点一点地深入我体内，造就了现在的我。

　　这20年里，我父母因为工作原因，可以说是几乎没有两个人完整地陪我在家一天过，哪怕是过年，他们在我早上醒来前就走了，晚上一般十点以后到家，寥寥几句对白，索然无味便陷入困意，我从幼儿园住宿、小学一年级就开始自己背着书包上学。

　　印象中最深的，是有一次，他们在我晚上写完作业，实在困到睡着后才到家，然后第二天按国际惯例地消失，于是我那门需要家长签字的作业"无人问津"，我带着试卷到学校，老师说：

　　"再给你一次机会，回去签好了再回来。"

　　于是我就一个小人屁颠屁颠地背着书包在校外转悠两圈，趴在石灰墙上，用笔努力地勾勒爸爸的名字，随后写了三个字——家长阅。

　　但很显然，这就是一个人最初的无知，比如喜欢蒙骗自己。

　　终于老师看到那蹩脚的签名，罚我站在门外一整个上午，所以我在微博写过一句话：

　　原生家庭终其一生给一个人带来的伤害，可以说是致命的了。

　　在很多重大家庭事件面前，也许我这个情况根本算不了什么，但常年一个人的孤寂，让我自然而然地学会了如何交到更多的朋友、如何能在保持自我的同时努力迎合别人、如何能准确地从一段关系里获取我自己缺少的那部分。

　　是。我每天提心吊胆着，生怕自己的世界在某一刻突然秩序紊乱，让我彻底失控，陷入到万劫不复的境地。

　　于是我拼命地找啊找，找到他，找到一个又一个他，这一年里我连说晚安的人换了又换，但每一个人我都爱得那么不遗余力，企图他们发现我隐藏在深处的脆弱。

　　然而我总是把自己搞砸，一面渴望爱，一面又把它们藏得更靠里面一些。

　　所以第五天的时候，我买了机票飞北方，在飞机上的时候我还特别笃定，他会给我想要的爱情，会埋葬我受过所有的伤。

他几天里带我转遍当地大大小小的景点，喂我吃没吃过的食物、他在深夜里抱着我给我说没经历过的故事。

这些连我都差点信以为真。

可是没多久，他就把自己彻底从这段感情里抽离出来了，我讶异于他的无情，他却说只是因为自己并不想进一步伤害到我。

他不知道，有些伤害一旦成型，日后再多的弥补，也逃不过"无济于事"。

我才顿悟："轻易信任一个人，又轻易被一个人舍弃"的那种判若云泥的落差，是一种怎样的体验。

这种落差，它能带给你最大的影响——不是日复一日的失眠，不是循环反复的难过，不是喋喋不休的想念，是大把的焦虑。

是你迫切希望变得更好。

你用最清晰的数据衡量自己，直白又粗糙，但这并不是最初你想要的，只是被迫走到今日，自尊心督促你总要有一样是被全世界能看见的你赢了他的，耗尽了生活的情趣。

我开始"走马灯"似的在许多感情里来回跳脱，但如今我依然想念他，但我不曾后悔过，就像很多时候，不论男女，变渣、不为害人只为自保。

时光荏苒，我发现，我已经不再那么急于渴求从他人那里收获感情了，因为我的生活已经足够丰富，能把自己的情绪稳住，感情不再是我唯一的救赎。

所以从小缺爱，成年后怎么解决？

就是依然一腔孤勇。依然用力去爱。

人生说到底也不过大无畏走一遭，倘若刚成年后不久的我们都不敢去用力，到老了哪怕想握紧对方的手时，也只能肌无力而已。

你别小看人的自我保护机制，多体验几回，也就学会自我遁形了。

而现在，你要做的就是把以前得不到的那些，拼命让自己补回来、吃个够、吃透、吃吐。

再然后，感情这种东西，在你的生命体里便是作为一种边缘性物体而存在了。

你发现自己开始不是那么"急功近利"了；

你变得深邃而从容；

你在做完其他琐事的同时，也顺带收获了亲情友情和爱情。

"安全感"
对于女性意味着什么

没有"安全感"的时候，我总认为——我所拥有的都是侥幸，我失去才算合理人生。

特别是，每当我产生一个新的想法，行动之前，会把好的坏的结果都考虑到位，那样的话，即便成功了也不会有多大喜悦，失败了只会归咎于自己的无能。

在以前，这个道理我还不懂。

大概是原生家庭长期以来的"缺乏陪伴"，让我成为一个完全不懂如何"自我抓捕"安全感的人，和一个人在一起时，会把他当作我与整个世界相连接的，唯一情感纽带和价值评判。

具体表现在：

1. 我总把他当上天给我的"唯一馈赠"。

这里的意思，倒并不是金钱和物质上的帮助，而是我希望能把他和我"捆绑"在一起，我们时时刻刻汇报对方当前的状况。

"你在干嘛呀？"

"吃饭了吗？"

"到家给我信息哦。"

就好像每一步，我都在紧紧追随，他那边喘不过气，我这里也不愿松口。

他爱我的时候，我就是这个世界上的"奇珍异宝"，金光璀璨；而失去了他的爱，我就成了一个随风飘荡的垃圾袋。

2. 我甚至希望借他的力量，催促我改变身心的缺陷。

"因为男神的成绩很好，我就要好好学习。"

"少吃多餐吧。"

"他每天都早睡早起，我真的不能再熬夜了。"

"……"

然而，一旦别人没有给到我想要的，诸如，我发出的信息没有得到秒回；

我提过的地方，我们隔了很久也没有一起去；

我说过的话，他转身就忘记。

如此种种，只要我那不可一世的自尊心受到了覆盖，我都会觉得是自己的秩序出了问题，随即在一瞬间崩溃。

我把每一步都走得很小心，他也同样，我们眼睁睁地看着彼此"明明相爱"，却要"步步为营"。

可能我这种人根本就不适合恋爱，我清楚自己的敏感、多疑、刻薄任性、自私又脆弱，可是这种"不安定感"，放到爱情当中，会越爱越严重。

我甚至会反击他，说是他没有"治好"我的缘故。

殊不知，人只有跟自己关系处理好了的时候，才会有空位让别人安稳地住进来的资格。

只有除了爱情什么都不缺的人，才有底气去等待和追求纯粹的爱情，说什么不为五斗米折腰，不是看颜值，最终等来的结局，大多还是打脸或者"高估自己"。

坦白说，"安全感"这种对女性来说必不可少的东西，从别人那里获取来太累了，它会让我患得患失，那我就先自己给自己好了。

我喜欢不论结果好与坏，都由我自己决定的模样。

这样一来，感情里一旦有了"安全感"，就好似有一个和自己处在同一频率的友人一样，它不一定最完满，但一定是最舒服、最"自由"、最容易走到最后的。

就在前几年我还觉得：一段感情，我作为喜欢的那一方，愿意走99步，另一方只需迈出一步就够好了。

可如今我才发觉：我喜欢那种，两个人本来是一前一后朝着同一目标在走，某天突然相遇，顺其自然牵起了彼此的手的感情，而不是有一方一直疲惫地向前，企图追赶对方的影子。

我想要一段有"安全感"保障的感情——如两人之间并不总是你一言我一语的秒回；

如我愿意把我现在看到的东西，一股脑儿地发给你，而不是组织好精简的语言，怕啰里啰嗦，怕有哪句话说错，发完还要干等着回复。

可你知道，对于我这种强大控制欲的人来说，失控即是灭亡。

我不要自取灭亡。

那么在我撞上你之前，我定会先把自己控制好。

为什么一部分女性
不喜欢生孩子

我亲眼目睹姐姐生孩子后，她的婆婆对她前后的态度变化，可以说是要比渣男睡完女孩子前后的态度都要垃圾几倍。

这件事，也让我开始觉得生孩子这件事，除了自掘坟墓之外，百无一用。

我上个月生日时，姐姐的孩子已经几个月大了，她要请我吃饭，但直到9点我们才出门，因为她要等姐夫回来，不能让宝宝一个人在家。

生了宝宝后，连随时出个门的小自由都成了一种奢侈。

后来我们边吃边聊起各自最近的情况，她突然跟我推心置腹起来："其实我上个月跟你姐夫差点离婚了。"

我大吃一惊，啊？！这不是刚有孩子吗？

她摇摇头说，你不知道。生完宝宝后，因为我没有奶水，宝宝一个月买爱尔兰的进口奶粉钱都要一千块，这小家伙每个月伙食费都要2000，而你姐夫和我的工资加在一块儿一个月的死工资才6000，总不能老让我爸妈贴钱吧？

"所以阿，我就要靠自己在外面代刚钢琴课挣钱，但宝宝在家又不太好让学生来家里练琴了，我又要在旁边租一个工作室，可以说是入不敷出了。"

这只是经济压力方面，而我很难想象，这是那个未婚前住在200平方米三层小别墅、衣食无忧的姐姐口中说出来的话。

"我爸妈每周来两次，每次都带一堆东西，恨不得把家都搬过来。我婆婆也不好意思什么力都不出，就搬过来一起住，美其名曰'照顾孩子，可是打她来了后，一切都变了。"

1. 这位婆婆啊，她基本上什么钱也不出，每天去菜场买个菜烧个饭就跟你姐夫面前喊着："哎哟，今天累死了"；

我总不好意思让她在这儿"白干"，每个月还要给她塞两千块钱。

2. 因为怀孕那段期间我太胖了，一下长到150斤，医生勒令我减肥就一直吃苹果，所以最近我再也不想吃苹果了，就拜托婆婆去买点葡萄橘子，可她总是买那种"稀巴烂"的回来，我觉得不好意思就给她五十块钱，让她下次买点新鲜的回来。

第二天她终于把从每斤5块的涨到了6块的，但样子依然很难看。

3. 有一天我想吃面条，实在不想吃米饭了，就跟婆婆说，她表面答应得爽快，第二天照旧是饭菜。我只好跟你姐夫抱怨一下这件事，当晚你姐夫跟婆婆说了后，第二天我就有了面条吃。

4. 她还在你和我姐夫的关系里挑拨离间，可正常家长不都是希望小两口关系好吗？

她不是。她在我不在的时候，跟你姐夫说我怎么欺负她了，而你姐夫上班后，她就在我这里挑拨："你老公阿，在你生孩子的时候都没在外面陪着你的，孩子刚一生下来就先去抱孩子看了。"可我的印象中，你姐夫并没有那样。

后来我终于和你姐夫大吵了一架，她慌了，怕我们离婚，赶紧劝和。

5. 现在她终于"顺理成章"地回老家了，钱和力两不出，谁也不敢麻烦她，于是我花每个月几千块雇了一个保姆。

……

就像脑海里构建了很久的模型，姐姐一下子一股脑儿倒出来这些，听得我五味陈杂。

她仿佛不能有任何一颦一笑的不满，因为"责任"大过天，似乎有一些多余的情绪就是错，而我也亲眼目睹了，当初那个被我姨夫宠到快上天的姐姐，如今成了一个"在别人家没地位"的人的时候，内心说不出的难过。

那晚分别前，她长舒一口气，说，我真不知怀孕后我还能不能瘦到以前了……

"现在，真够丑的。"那是一个"颜控"的人这么对我讲。

你可以说，不是每个生孩子的女孩子都会遇到这样的婆婆，但她们多多少少会受这种委屈——就在一年前寒假，我去医院看怀孕两个月的姐姐，看到她的第一眼我难以置信：当初那个28岁的好看姑娘，却像个40岁的中年妇女躺在床上对我们笑。

进门后，我实在没法儿接受怀个孕对她的改变简直判若两人：

1. 别人口中的女神成了老妈子。

原本她身高170，体重刚过百，大眼睛大长腿、皮肤白皙、热衷打扮，如今却硬生生的胖了二十斤，满脸憔悴的干躺在床上发呆。

"就这样连续七天了，无聊就只能看书。"我听到她说，"医生连洗澡都限定次数，我晚上想下楼在医院散个步都不准……"

拜托，这和监禁人生还有区别吗？

2. 为了孩子放弃了自己努力打拼来的优质生活。

她是钢琴老师，原本在大城市有很多代课资源，还在学校教书有稳定且薪水不错的工作，月入15K以上。

现在怀孕了，不得不回到家乡小城发展，每节课的价格就像坐跳楼机直降而下，没比以前轻松，人倒是变得无聊了不少，月薪不过万。

"不后悔吗？"我问。

"那也没办法。马上有了孩子，你姐夫工作调动不了，两口子总不能分居。"她不咸不淡地说。

3. 以前她最常抱怨一句："哎呀，这个月又剁手啦！又买了一堆化妆品和衣服。"

可那天我在学校和她微信聊天，她说自己看上一瓶很喜欢的隔离霜，我说你买呀买呀！她却像个泄了气的皮球，说，还是宝宝生下后再买吧，现在什么也不能用。

我顿时不知道该怎么回复她。

在我们来医院之前，她是一个人孤零零在这里，因为姐夫在上夜班、公公婆婆离得有点远不常来、她妈妈照顾她太久刚回家。

那天晚上我没再说话，一直听着他们说，当我听到爸妈和她喜笑颜开地"展望着未来的生活会如何如何"，我有点不屑甚至是说不出的反感。

因为我总觉得她很难再比以前快乐，我想起她以前的朋友圈，总是隔三岔五发自己好看的照片，可怀孕期间她的微信就再没怎么更新过，而我们其他人每次更新动态她都会在下面点赞评论，想必怀孕一定是一段很无趣又漫长的日子吧。

还记得孩子刚出生那天，爸妈催着我跟学校请假，理由是"回来看你人生中第一个小侄子"，我顿时眉头一皱，"我肯定会回去，但是为了看姐姐。"我挂了电话后，内心对这个新降临的小生命没有一点儿兴趣，尤其在我回家后，看到表姐现状的那一刻，我开始讨厌这个小侄子。

姐姐好像瞬间老了十岁呀,而孩子总是又哭又闹,"宝宝不哭不哭哦。"姐姐立刻给他喂奶,没过多久他又哭了,好像全世界都不能让他满足。

终于把他哄睡着了,姐姐才跟我说:"这小东西一夜要醒好几回,可把我给折腾的,有时候第二天还要早起代课,根本吃不消。"

我一直相信这世界没有真正"感同身受"这回事,但尽管如此,我换位思考,想到有人在我睡着后三更半夜给我打电话的那种出离愤怒,便也能"一知半解"了。

可是啊,你的朋友你可以责怪他"不顾他人感受",对这种连话都不会说的孩子你无处可诉。

如果生而为人就必须隐忍,那么我至少有资格选择少一点成分。

如果我明知这件事不会给我带来任何欢愉感,负担满满,我就没必要为了满足你们的想法而活。

如今又一年寒假,我给小侄子买了个手镯送到姐姐家,看着他在可以滑动的床里的那娇气样儿,脑海里想到的却是姐姐之前跟我说的那几句话——"婆婆不是你亲妈,却可以做超越你妈妈对你做的事,她可以肆意欺负你,因为在她看来,你给她家生了孩子,就彻底是他家的人了,跑不了。"

我苦笑,把本想抱抱那孩子的手突然抽回。

为什么现在
很多人的恋爱期都很短

现在诱惑太多了，每个人的选择性也太多了。

两个人在一起，有时吵个架，一方再自暴自弃一些，就会做出伤害感情的错事。

最后还非得赖在"缘分不够'的头上。

我都替"缘分"委屈。

真相是，我们太懂得"自我保护"了，非但没越活越坚强，反倒是越来越会给自己找借口。

信命，信天地，信顺其自然，却偏偏不信自己。

我大概有过几次这样的经历：

可能是短短两个月内，隔着屏幕确定了关系，又隔着屏幕分了手；

可能是仅一面之缘，随之异地，再因为缺乏陪伴而被迫分开；

抑或是两个人从头至尾什么都没戳破对方，只是每天暧昧地聊天，坚持了一个月未果,自觉无趣，匆匆断了联系。

那是一种甚至不知道到底该不该称作"恋爱"的感情。

关于我那段被卡死在两个月内的感情，对方在一开始就悉心教导我：

"咱们有问题就要及时沟通，否则难过的是你自己，而我却完全不知情。"

我当时听完，觉得他说得也太对了吧？！于是当我终于放开戒心，但凡遇到不开心的事儿，我都会直接地告诉他。

一开始，他总能事无巨细，找到解决所有问题的办法。

于是，我俩的心被一次次撕开一个大口子，再逐渐愈合。

怀疑，信任，再怀疑，再更加信任。

循环往复。

可直到那天，我点明了说自己特别生气。

却只得到一句不能更敷衍的"好好好"，便再没下文。

我终究还是笑着为这段狼狈的感情写墓志铭：

"不好意思，刚认识就喜欢你。"

他也连忙道歉：

"怪我。太着急想拥有你，却永远失去了你。"

分手。似乎不再是值得难过的事。

而好好的缘分，到头来竟是用来证明——我没那么爱你了。

这些年，大抵也是听惯了那样的句子——"每个人只能陪你走一段路。"

"这个年纪，谁都不会是谁的一生吧？"

"你生命中的任何人，都不会长久陪伴你。"

随后我们的确经历了几段起起落落的恋情，随之那些悲观的句子得到论证，终有一天，少男少女心开始畏畏缩缩。

不相信等待，可以换恋爱。

好容易陷入一段感情，却进展太快，结束更快。

我们不再聊什么深刻复杂的话题，认为迂腐，更爱聊一聊最近新开了哪家店好吃，昨天有什么重大八卦，然后一天就这么浑浑噩噩地过去。

恰恰是太懂得自我保护，太懂得取悦自己。

· 越来越懂得趋利避害；

· 越来越喜欢待在安全区域；

· 撞上沉重的问题，首先想到逃避。

你觉得"逃避没有不好"，他也坚信"逃避可耻却有用"。

两个人既然选择在一起，就需要一起好好经营这段感情。

但结果呢？我们倒是殊途同归——都选了一条看似轻松的路。

在这条路上，讲究能躲就躲，能跑就跑，总之再也不想搭什么偏离陆地的船，也不想赶什么浪潮，都自信满满笃定自己有海。

可这世界上，不存在不劳而获的感情，而因为惧怕结果就不敢投入的人，才真的low。

我所希望的感情是"再吵也分不掉"的。

我承认我有时会想一枪崩了你，但是在买枪的路上，看到你爱喝的甜豆浆，就忘了自己是为了杀你出门的。

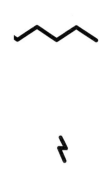

"享受独坐，渴望对坐"

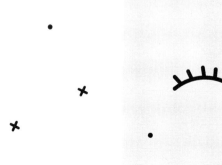

——最深的孤独，是你明知道自己的渴望，
却对它装聋作哑。

为什么明明寂寞得不行，却不想将就

"将就"比寂寞更寂寞。

几年前，我和当时最喜欢的人提分手后，整个人不在状态，夸张到——走在大马路上都想随便抓个人来给我救赎。

那会儿我每天郁郁寡欢，沉浸在自己封闭的小世界里，别人走不进来，我也爬不出去。直到有一天闺蜜冲到我家，看到我披头散发、在家只穿个大T恤、一天就一顿饭勉强度日的那副鬼样子时，她跟我说了一句：

"不如，你随便找个谁'排忧解难'吧？毕竟删除文件永远没有替换文件彻底。"

我当时虽然特嫌弃这种骑驴找马的人，但人不到一定处境都不知道自己下一步会干嘛，所以我不知不觉就听进去了。

很快，喜欢了我一年多的那个男孩子遭殃了……

现在想想，其实我也没有刻意做什么，不过是，每晚睡前躺在床上的时候跟他聊聊天；

平日里做什么事之前，我会给他发消息让他知道我在干什么；

无所事事的时候，接受了他出门散心的邀请。

没几天，他就自投罗网了。

确实，感情很多时候就是这么的不公平。

喜欢你的人呐，你就算只给他留一个细缝，他都能为你凿出整片山洞，带你出来，还时不时一步一回首，老担心会把你搞丢。

后来他总会找到当地近期最有趣的活动，每次都把我哄得乐呵呵地才回家；

他知道我喜欢吃甜的，总是在周末的下午买齐了一堆送到我这儿一起看剧一起吃；

我有什么生活里的小牢骚都会讲给他，他总是听完后，认真地给我建议，并且在最后告诉我：希望你无论做什么选择都要跟心走。

这样你快乐，我也快乐。

可我当时不懂，我以为我愿意倾诉了、分享了、把心扉敞开了，这一定就是爱了吧？

殊不知，在一段旷日持久的时间里都没办法爱上的那个人，你以后也很难再爱上了。

和他在一起，我觉得更寂寞。

所以，不久后的5·20当晚，他给我戴上项链向我表白的时候，尽管我没有强烈拒绝，硬生生点了点头却看到他突然咧开嘴角冲我笑的时候，我几乎是本能性地闭上了眼睛。

我一点也不觉得幸福。

我没有太寂寞，但不排除总有闲下来的时候，那时候我会内心很空虚，我需要安慰，需要从他人那里怒刷"存在感"。

于是我选择了一个无论如何都不会抛弃我，但我却不需要付出特别多的人。

我以为：那样就"很安全了"吧？

所以当我心情不好的时候，我可以看到消息推迟回复他，我甚至可以压根儿装作睡着了；

所以当明明是我犯了原则上错误的时候，我可以一直昂着头，等他先来服软；

所以我做了多么过分的事，都有人替我收拾烂摊子。

很安全了，只要我不主动掏出心脏，任凭别人刀枪剑戟，也伤不了我一分一毫。

最终，"感激"化成了"对不起"。

朱茵在某档电视节目里说："如果你照镜子的时候，看见你越来越美，你是找对人了。"而和他在一起的时候，我充分暴露了自己的大大咧咧，我完全没有那种小心翼翼、谨慎的感觉，我没办法强迫自己去准备更多热情给他。

而当我终于腻了这段，什么主动权都握在我手中的"虚伪感情"之时……

我向他提分手的那一刻，我一个站在"施暴者"处境的人，竟然哭了。

倒不是怕以后不会再有人对我好了，也不是怕这漫长的路，只能踽踽独行了，而是我后悔自己如此凶残、仅为自己的感受，亲手撕毁了一个人对我的信任，辜负了一个人的用心，葬送了一个人对另一个人最单纯的感情。

果然伤人一万，自损八千。

我觉得这种"将就"过的感受，比认真爱过后痛痛快快的伤过还没劲。

不。要更惨烈一点。

因为一个完全凭着自己感情用事，无法控制自我的人，不过是失败者的"生理缺陷"罢了。

所以，从那以后我再也无法忍受将就的感情。

哪怕是傻乎乎的喜欢那些"不那么喜欢我的人";哪怕可能我的一举一动都是错;

哪怕明明我也没错,却会怪自己不够好、不谙世事;

哪怕我依然不懂得在已经无法控制局面之时优雅退场,反而在最后的时刻,把自己弄得狼狈不堪。

那至少我图个心安理得了。

所以,但凡"将就过"的人都知道:是宁缺毋滥,让我更舒服更自在。

从此我只期待,被我喜欢的人抱紧。

人跟自己关系处理不好的时候，和谁恋爱都不合适

1.

"我觉得自己现在太渴望变好了。"之前和好朋友聊天的时候，我兀自说出了以上这句话。

不知道你有没有过这样的时候，我大概经历过好几次。

好朋友以一个长者的身份跟我说："你才20岁，变好对你来说，来日方长，急不来的。"

当时我完全听不进去，那会儿被学业和写字以及感情等多方面因素折磨，觉得自己和废人差得不远。

什么都做不好。

现在回想，当时的自己真的太急了——刚码出来一篇文章，就想立马得到特别多认同；

只不过是少吃一两顿饭，就迫切地想要瘦成白骨精，好不好看不知道，反正要为让前男友后悔而奋斗终生；

学习上平时没怎么花功夫，一低头面对着整本陌生的复习资料，恨不得当即跟它攀上亲戚……殊不知，不论讨论对象本身是否

具有血肉，感情这东西皆无法一蹴而就。

渐渐的，长大后我开始明白一个道理：如果你目前的生活状态不够好/被感情所困，你能吸引到的，只会是对你趁虚而入的家伙，这样的人往往也不够靠谱。

2.

想起这种境遇，是因为最近一个朋友陷入了类似的处境。

那天晚上我刚到家，就接到他打来的电话，问我能不能借他点钱，他说自己刚刚被骗了430块。

我说，你把来龙去脉说给我听我就借你，还有你被骗的这个数字怎么这么奇怪啊？

"前几天我和我女朋友分手了，我就找了我俩都认识的一个熟人，他也答应帮我在她面前讲点好话，把她追回来，但他要辛苦费500，我说我微信里就430了。

结果，刚给他转过去后就被拉黑了。"

熟人？那不是可以追回来吗？我问。

他说不是，其实我不认识那个男的，当时我就惊呆了……你不认识人家，你要他帮你追什么呢？

"那个男的是她介绍给我的，说是一好朋友，本来当兵退伍了，我就知道这些。"

听到这里我实在是不知道怎么安慰他好，立刻给他微信转了钱，再听他娓娓道来这一不幸的遭遇：

前女友原本是他的小学同学，后来女孩子搬家到广州，他还在西安，现在她大学考到了浙江的一所学校，他们一直保持着不咸不淡的聊天，直到圣诞那晚，她说要不要在一起……

"我激动坏了，也不知道怎么答应好，第二天就买了最早的车次，跑到她学校找她。"

结果我们就见了那一回，这段感情也仅仅持续两个月便夭折了，而就在前几天，她又跟我吵架，嘴里带脏话的那种，临挂电话前，她说我们分手吧？我一时无所适从，硬憋出来一个"好"。

现在仔细想想，她好像一直很讨厌我跟她说"未来""咱们一起努力"的这种话。

我听到这里感觉哪里不对劲，这不就是骗钱骗感情吗？

他说我也不清楚，总之我最近情绪化特别严重，但有一点我一直搞不懂——为什么我总是被耍的那个？是一直在被耍。

3.

我忽然一下就明白了，因为这句话我再熟悉不过了。

为什么我喜欢的人都不喜欢我？

为什么总是我被孤立和不合群？

为什么没有一个东西真正属于我？

………

如此种种我听过太多人抱怨过，也包括曾经的自己，而我的这个朋友就好像命中注定是那种"集悲催于一身"的人，他把一切"不顺"怪罪于——命。

在此之前还有一次，他自己住的房子对面搬来一个女孩子，女生要准备考研，那段期间他和她一起吃饭、唱歌，事情的转变在有一天她大姨妈来了，他给她买了暖宫贴和红糖水。

"给她送完后，我回到我的房子，然后她敲门，和她聊了3个小时到11点，你知道第二天发生什么了吗？

她搬走了，说住得不舒服，我帮他搬的家，下午想给她打电话告白，然后她说和前男友复合了。"

我能感觉到他说话的时候，满腹的牢骚和浮躁之气，但我丝毫不意外，想起之前我因为找他一起写稿而认识，他每次给的稿子质量不敢恭维，倒是催稿费挺勤快的，当天写完当天就想要出结果和到账。

"急于得到回报"从来不是什么好事。

欲速则不达，见小利则大事不成，因此太急迫的他才会总是被趁虚而入，如今他甚至让自己处于一种"什么都行""什么都不行"的状态，反倒是最糟糕的。

毕竟，靠谱的人很难有时间去拯救百无聊赖的你啊。

4.

说到这里，我突然想起之前看过的一句话——人跟自己处理不好关系的时候，跟谁恋爱都不合适。

回想起自己曾几度在深夜辗转难眠，当时觉得要是身边有个人陪我走下去，我可能也不会这样。

我甚至想，眼下这个状况，要不随便找个人吧？别说是恋爱了，能不断跟对方倾诉自己在干嘛就好。

可事实上，这种想法真的会毁了我，需要人陪伴其实也没什么错，但说句无关悲观不悲观的话：

能靠得住的，只有自己。

那时候我就如同把自己囚禁在一个牢笼，后来当我渐渐平静，脚踏实地着手去做每一件手头的事，我才恍然——之前我还什么都没做，我没有在过程上大无畏走一遭，就已经想去终点看看了，可生活总是这样，如果这个事情来了，你没有勇敢地解决掉，它一定会再来，生活真是这样，它会让你一次一次地去做这个功课，直到你学会为止。

那么希望你也能更顺其自然地做当下的每一件事，有一两件可以消磨时间的东西营生，对感情举重若轻，让自己在斩妖除魔的道路上更加深邃、从容。

至于爱情，它就好像是一种在你视线边缘的物体，一旦你将目光移动到视野中央，想窥探它的全貌，它反倒会跑开。

倘若你把自己跟自己的关系处理好了，爱情便如同囊中取物一般简单。

人生一定会遇到
那个"对的人"吗

听说洋葱、萝卜和西红柿，不相信世界上有南瓜这种东西。

它们认为那是一种空想。

南瓜不说话，默默地成长着。

就如同垃圾食品往往比较好吃，爱错的人也都特别有魅力。

所以我从来不怕爱了"错的人"，我只想跟"我疯狂爱着的"人在一起生活，尽管邪门的是：

我喜欢的，都不太喜欢我，恰恰是那些我无感的，对我都还算不错。

我是个对感情没法将就的人，所以只好对自己苛刻。

两年前，我还坚信自己撞到了一个疯狂爱着的"对的人"，小乙。

印象最深刻的一次，是我十一点多发了句晚安给他，他可能睡得早，总之一直没有回复我，但他平常也并不是那种早睡的人呀。

然而在那一晚上七个小时里，我足足醒来有三次去看手机信息。

我突然明白为什么，有时候失望到一定程度后，反而会开出一朵花来，而那朵花的名字叫，无所谓。

不知道你有没有经历过——就是在那种可怕的朦朦胧胧的意识下，梦到那个人好像回了我信息，然后被意识拖着我从梦境里挣扎出来，马不停蹄地去翻看手机。

我当时也傻傻地以为，那个让我疯狂爱着的、让我对他的感情深入到骨髓的、竟连梦境都不被放过的，一定就是"对的人"了吧？

可到头来，他头也不回地离开，直到他捷足先登幸福之路后，我才猛然醒悟：

如果你恰巧遇见的是一个"不对的人"，你会需要很多的私人空间，会退缩、会迟疑、会留后路，一旦想到未来漫长的人生就跟这个人在一起，就觉得害怕沉重难以想象。

于是，后来很长一段时间里，我都没办法学会"相信"这个东西。

而属于我的南瓜，阿锦。

在我遇见他之后，才终于将之前我的条条框框给全部推翻，我爸妈是属于那种常年不怎么回家的人，有次我很晚才回家，发现扶梯两侧的开关坏了，就发消息跟阿锦说了情况，问他能不能和我聊天，陪我说说话。

还没有等到他回复，手机立刻响了，是他打来的，处于周遭的空气顿时就缓和了许多。

他用自带安全感的声音包围着我，我第一次感觉到爬6楼可以这么快。

我问他："你怎么突然打电话来了？"

"不应该吗难道？不是你说害怕吗？万一楼梯道黑，你一脚踩空了怎么办？我这不就至少可以及时去救你吗？"

听完他这一席话，我突然如释重负，"原来是这样啊……早该发现的。"

一个真正"对的人"，是让我们跟同一个人一直说话一直待在一起却丝毫不觉得厌倦；是让那些以前忍受不了的事情，变得不值一提；

是让那些微不足道淡如白开水的生活，变成想起来就会忍不住傻笑的时刻；

是那句"我就是这样的人了怎么样"换成了"我想为了你变成更成熟更好的人"。

所以，小Z压根儿不是什么"对的人"。

一个不对的人，会让你不确定自己是不是想要这样做；

不确定以后遇到别人会不会心动变心；

不确定以后遇到困难会不会轻易放弃；

不确定他就是那个最好完美唯一的人。

之前和小Z在一起的时候，我一个人在异地上大学以外，还有自己的工作，手头上处理着无数的事情，每天早上十点出门晚上十点回去，在家的时候也是对着电脑一直做事，眼里只有前途前途前途前途。

同样也是一次很晚了，一路总感觉有人跟在我背后，我猛一回头，果然有个身影拿着一根长长的竹竿似的东西……

当时我几乎是吓得魂飞魄散，拔腿就跑进楼栋按了密码，我听见自己躲在大门后大口地"嘘嘘"喘气声，我谨慎地给那位发信息。

或许是太在乎，总怕他觉得我矫情，只好如正常聊天一样说："我正要上楼，这里挺黑的，能不能陪我说说话？"

当那边几分钟后传来两个字"好啊"的时候，我确乎是浑身充满了力气，立刻迈起步子上了楼，我还是忍不住跟他说起刚刚发生的事情，可直到我进了家门后许久才再次接到他的下一条消息：

"那刚刚你一定吓坏了吧？没事就好。"

然后那个晚上他始终也没来一个电话，并且在后面的聊天中也没再提到我回家不安全的事。

他似乎总是很"放心"我。

当时的我以为，他那一句屏幕里的关心已经足够多了，可就是阿锦打电话给我的那一刻我才恍然——你疯狂爱着的那个人如果并不爱你，那是个"错的人"。

"对的人"的定义可能很复杂，但一个"错的人"能让你很轻易就分辨出来，因为当你越相信他，越会感到孤立无援。

回想过去，我发现小Z最喜欢跟我说的一句话是："咱们来日方长嘛。"

咱们来日方长，所以你的消息我没必要太快回复；

咱们来日方长，所以哪怕你遇到危险我也放心你完全能搞定；

咱们来日方长，所以有些话真的不必多讲。

可现在我只希望，我们都能去成为那个"只争朝夕，斤斤计较一点"的人。

原来我和他在一起的这一切里面，唯独记忆，太过忠诚。

小Z就像橱窗里那款我跑了一百趟去看的相机，终于有一天被别人买走的时候，我还喊着"不要啊不要"，可其实我从未拥有过。

他让我学会的重要技能是克制，克制情绪、克制欲望，连对一个人好，也要克制。

那段时间我甚至会经常突然问自己：我这么大了，是不是就不适合谈恋爱了？

不是。真的不是。阿锦的出现，就像那个默默成长的南瓜，我才读懂《霍乱时期的爱情》里所说的："诚实的生活方式，其实是按照自己身体的意愿行事，饿的时候才吃饭，爱的时候不必撒谎。"

我不敢保证"对的人"一定能和"永恒"画等号，但他一定会在一段时间内，让你相信，自己还可以"使尽全力"的。

我想说你根本不必刻意去找，因为在你遇见他的那一刻，你早已杀死了心里的另一个自己。

这便是全世界最微小的杀人事件。

所以拜托你千万别放弃，可能远方同样有谁在等。

到底什么
叫作"爱自己"

爱自己，首先要有别拿任何人当救赎、可以随时抽身的能力。

前几天私信里有个女孩子，一个人去医院打胎，钱基本上是自己出的，打胎加清宫加挂水拿药一共2000多，可她男朋友给她多少呢？

400块。

"没想到我什么都愿意给他，最后却输给了伸手向他索要的人。"

她这么跟我说着，透过几层屏幕我都能感受到对面传来强烈的沮丧和满满的失望，是啊，让你打胎已经够渣男了，竟然连钱也不付？

可是继续听她说下去，我发现有哪里不太对，我惊讶于——她好像很享受这个过程，仿佛觉得自己已经站在了道德制高点上一样，这时候我不再同情她了，只觉得她其实是有"受虐癌"。

为了不让自己妄下定论，我问了她几件事：

1. 第一次为什么不让他戴套？

"我那时候不清楚'避孕套'是什么东西。"

2. 刚知道怀孕的时候,你们怎么商量的呢?

"我不敢相信就那一次就怀孕了,我问他怎么办,他说让我想想,隔了一个星期后跟我说他没有能力抚养,我就说好,那你给我钱吧。他就给了我400块。"

"我和他在一起,是舍不得花他的钱的。"她补充道。

3. 他怎么没有陪你去医院?

他问了他要不要去,我当时特别想让他来,但我还是说不用了,他就真的不来了。

······

听完她这一席话,我很明显地感觉到,她把自己当圣母了,殊不知自己被别人卖了还在埋头吭哧吭哧地数钱。

其实我多少能感同身受,说实在的,我也曾为自己竟然因"受虐而感到有些窃喜"的心理,感到后怕不已。

我想起了一个心理学上的词叫"受虐配偶综合征"。

在她整个阐述过程中跟我说了八次自己"放不下",但其实,这不过是"受虐癌"在作祟。

记得之前有一部情色电影开创美国情色电影先河,就是《深喉》。

电影的女主拉夫蕾丝自此一炮而红,而她真实的生活却是被自己的老公强迫去拍这种片子挣钱,否则就要忍受"家暴"。

如同《被嫌弃的松子的一生》的女主一样,她们都是那种需要活在那种极端扭曲感情下,才能存活的人。

受虐配偶综合征有四个阶段。

第一个阶段:不安开始增加。两人开始发生细小的冲突,交流出现障碍。

她在自己坐月子的时候发现,男朋友时不时会给一个号称是他妹妹的人打电话，她知道后决定反击，而为了让他吃醋，她让自己的闺蜜假扮一个男生来加自己，两个人聊得甚欢被男友发现，她这才说出真相。

可男朋友呢？再也不理她了。

于是她这个受害者开始觉得不安、焦虑和害怕，并且觉得都是自己的错，需要讨好施暴者。

第二个阶段：暴力发生。

就是因为上面这件事，她被他狠狠地打了一顿。

第三个阶段：施暴者道歉并寻找借口。

暴力发生之后，他开始表现出悔意，她站起身想逃走，他却突然把她抱住了，抱得特紧，紧接着感人的一幕出现了……他拿起来手机，让她看着自己把里面的女生一个一个地删除，顺便也把各种游戏都卸载了。

他苦苦哀求她："别走"，她摇摇头扳开他的手指后就哭了，他演得那个真。

"我不想和你分手，我错了，你别走。"像他这种施暴者，就喜欢说"我就是因为太爱你，太怕你离开我"；

"我就是因为太生气，所以才忍不住打了你，我都是因为太嫉妒/太爱你了"；

"对不起，我打疼你了，但是我没有很用力，因为我也心疼你"。

第四个阶段：暴力后的"蜜月期"。

在暴力之后，施暴者会表现得特别温柔，还会给受害者制造许多浪漫温馨的幻象，两个人似乎又回到了最甜蜜的时期。

受害者会觉得这个男人还是我爱的那个人，他当时打我一定是因为他太生气/太爱我/太嫉妒才一时控制不住，以后就不会了，于是这种关系重新陷入循环。

她原谅了他，那次以后他变得特别乖。

"我说我喜欢金毛。他第二天给我买来了一条，很可爱，可是寄养期间死了，我那天特别伤心，他说乖不哭了，下次再买一条；

我开学的前几天，他又买了条白色的萨摩给我；

我记得有次下了特别大的雪，我说想吃新兴街卖的汉堡，他就顶着大雪出去给我买，那可是要穿过两条街的啊。

他说他特别爱我。我也相信。可是他只好了没多久。"

而我只觉得，她根本只是在意淫式的自我感动，她把对自己的关心，完完全全寄托在另一个人的身上。

那个人就好像是她这具躯壳里的灵魂，他走了，她自然也心如死灰。

之后他又开始在社交平台和游戏上勾搭妹子，她想说分手，他却说他再也不和他妹妹联系了，可发现他还有小号还有微信。

他在网吧通宵非拉着她去，她皮肤敏感开始起很多红点点，他说他再也不带她去网吧了，结果第二天照旧。

"你这样累不累？"她终于说出了口，他不说话，就开始掉眼泪，她果然又心软了，分不清那究竟是因为舍不得，还是因为爱才掉的眼泪。

其实她才是放不下，只是"受虐癌"，渣还有得治，癌可没有。

我突然想起一个男生曾经跟我说他自己的感受：女孩子千万不要把自己的姿态放得很低，说到底，在一段感情里，女生是很少有什么大错的。

是啊，给400块真的是男朋友家里揭不开锅了没有钱吗？

不是。

她说她在男朋友生日前几天的晚上熬夜想着怎么给他惊喜，而他第二天却在火车站给另一个女生送了500块钱，并且请她和她弟弟吃自助餐。

说白了，一切都是她自找的，你如果对自己不够狠，就会有别人来对你更狠。

他嫌弃她眼睛是内双，她就真的为了他跑上了手术台割了一个外双；

他觉得她穿大衣不好看，显得腿短，她就放弃大衣，换上了短款外套和短款棉服，然而那天他看到她彻底换了风格以后，他居然问："你外面是不是有'狗'了？"

听完她的故事，我都激动得有点儿想骂人了，她却仍旧咬着不放，问我：

是不是因为自己仗着他特别爱她，所以自己太作了？

是不是我太小心眼了？是不是我不够漂亮？

她感慨道，唉，被爱的人啊，都是祖宗。

我没再回复，心里摇摇头喊着，不是，全都不是。

是你有"受虐癌"，是你不够爱自己。

为什么有些女性你找她聊都跟你聊，她却从不主动跟你聊

在感情里，力的作用并不是相互的。

两个成年人（不是巨婴）能在一起，80%是靠"相互吸引或者诱惑"，另外20%才是流于"表白形式"。

小孩子才把表白当全部呢，而大人们，更多为了追求节省时间成本——他们热衷在精神上默契，肉体上互相撕咬。

曾经看过一段话："世界上哪来的那么多一见如故和无话不谈。不过是因为我喜欢你。所以你说的话题我都感兴趣，你叫我听的歌我都觉得有意义，你说的电影我都觉得有深意，你口中的风景我都觉得好美丽。

这一切，不过是因为我喜欢你。"

所以，你主动，这仅仅是你的事啊……

可能很多人都有过这种感觉，当你兴致勃勃地想要找喜欢的人聊天时，那个人总是忙。有事。没时间。即便在深夜发无数条朋友圈，也会在当晚的9点告诉你，累了，想早点睡了。

跟你聊几句就不耐烦，想要尽快结束话题的人，只是不够喜欢

你罢了。

而喜欢你直接的表现：我很忙，而刚好对你有空。

坦白说，开头那个"相互诱惑"里的"相"字很重要，我的高中语文老师一直跟我们强调：著名的"十八相送"的这个"相"，是单方的。

听说祝英台和梁山伯的家，都距红罗山书院十八里，但是每一次都是梁山伯送祝英台到十八里外的家，要知道，他们并不是脑袋拎不清的，你送我，我再送你，我们送来送去，送个没完。

同理可证：

你找她，她基本都会回复，但那也只是别人对你"单方面付出"，给予一个礼貌且体面的回应罢了。

你可以扪心自问一下这几点：

1. 回复频率。

她是大部分时间都秒回你吗？还是几乎都是隔了几个小时，才很抱歉地说"不好意思刚刚在忙……""我洗澡去了""刚吃饭回来""昨天太晚了我睡了，你以后也早点休息呀！"

这些避开你的问题的回复呢？

恕我直言："我睡觉了"是这世界上最大的谎言。

每天那么多人劝你"早点休息"，但又有几个愿意在你失眠的时候陪你一起熬夜呢？

我知道不秒回也不代表什么，但在这个大部分人离不开手机的时代，其实回复一个消息并不需要多久，重点还是在于：你在他心里排第几？

这让我想起之前"奶茶妹妹"上热搜，刘强东这么忙，开会了还在盯着手机屏幕走神儿，因为屏幕桌面是"奶茶妹妹"照片。

再具体点，前天有个读者跟我语音咨询的时候说，他女朋友刚跟他在一起那会儿，他就仗着她喜欢他，有恃无恐，他那时候遇上了点事情，经常心态爆炸，女朋友每天就去他家给他送吃的，乖乖蹲在一旁跟小猫似的……

"你心情可还好吗？"她每几个小时问一遍，可后来呢？

她进入了新的圈子，认识了更多有趣的朋友，每天对他喊"累"，累什么呢？不过是少了"分享"的动力罢了。

他们几乎不在互相"直播生活"了，一开始他还追着问为什么？渐渐地，他开始自省、停顿、学会消失在她的世界，直到他过生日当天，他收到了无数语音、短信、礼物和祝福，唯独没等来她的。

她把他的备注后面都写上了生日，但终于还是给忘了。

"你真的一点儿都没有把我放在心上吗？明年，明年你一定要记得好不好？"

"嗯。"

然后就没有然后了，他一个人恍惚了很久，仿佛对面是一个素未谋面的陌生人。

其实啊，你真的也不必特意敷衍，假意诚恳，你是否真心待我，我还是勉强能看穿的，所以呀……

她若喜欢你，就可以有一百个理由替你辩护，也许她喜欢"被你浪费"；

她若对你无感，就可以有一万个理由推迟和拒绝，多一句都算"浪费"。

2. 她回复你后，是沉默，还是主动"撩"起了新话题？

我不否认有"矜持"过度的女孩子，但其实，如果她一直在克制自己找你，那说明是你有问题，倘若你多主动一点，她又对你莺莺燕燕，总能找到一个"婉约"的方式，和你熟络起来的。

之前一个特内敛的女性朋友问我，到底要不要跟他表白啊？

因为问了我很多次，我也不耐烦了，我说你喜欢就去啊！这样，你先发个表情包，然后你最近不是要去旅游嘛，问问他假期怎么过，再问他要不要吃什么特产不就得了？

她当场佩服我。

好景不长，那个男生不耐烦地回了她两句，就消失了。

其实不论男女，大家都是跟着本能和直觉走的，那么只要我们互相喜欢，谁主动一点，谁脸皮厚一点，又能怎么样呢？

至少在我这里是这样，我对待不感兴趣的人，和工作上的事，基本上是用最简洁大方的语言，直截了当解决。

我可能不想继续聊，就发个表情包不再说话，可是对于我喜欢的人嘛……

我会看到什么搞笑段子，都第一个扔链接过去，哪怕当时我们在吵架和冷战，也会先默默保存，静静等到和好后马上发给他；

我喜欢分享，我们是各个平台的"互相关注"，我们可以随时@对方；

在别人面前我是个老司机，在他面前我成了"大怂货"；

我啊，这个自己都经常忘记吃饭和带伞、爱走路低头回复手机消息的人，却总能神一般的知道他那里的天气和时差。

"有没有吃饭？带伞。开车时不要回我消息。"

真的。喜欢一个人，就算捂住嘴巴，也会从眼睛里跑出来，就是会忍不住想要和他说很多很多话，挂个电话都能拖延30分钟，心里想他很多很多遍，嘴上却忍着一天最多说一次。

和他在一起的时候，我对于别人的消息是看到后很失落，拖延回复，对于他发来的消息，我是特地不太快回复，强装作我不那么在乎。

那么现在开始，如果你坚持发的"早晚安"总得不到回应，趁早收手，否则那不是关心，只是打扰。

我希望你先主动抛出橄榄枝，然后退到安全范围之外，剩下的，就看对方是否接你梗了。

哪怕她也在犹豫是否要跨过那道防线，但只要她敢试着伸出手，你就立刻把她拽上岸。

我所欣赏的感情：是"安全感"都还掌握在彼此手中的同时，相视一笑。

你不主动找我，
就算我想说话也不主动找你

　　我以前被"冷暴力"分手过。

　　和他在一起后，我经常干一件蠢事：就是在对话框里斟字酌句、删删减减地码出一段话后，又原封不动地清空了。

　　而以上整个过程，他毫不知情。

　　尽管我好不容易学会不主动找他，却还是无法在他给我发表情包的时候不回他，是我太怂了吧？

　　我们是在一个聚会上认识的，我喜欢有趣的人，刚好，他很有趣。

　　之后在微信上每天"你一来我一往"地聊天，没多久就聊出了感情，那时候我们确乎有着说不完的话，听说人类说的百分之八十的都是废话，但我觉得，在这个快节奏的时代，爱一个人最明显的表现——便是愿意听对方说"废话"。

　　可我没想到的是，我吃了快餐爱情。

　　当时的我还不明白："喜欢"应该是一件很有礼貌的事。

　　爱一个人，其实根本不用那么急着在一起，可那时候我竟敢笃定地告诉自己，就是他了，我一定不能错过眼前这个人。

可我们终究还是错过了。

事实上，当我们终于正式确立关系，走过了"热恋期"后，却陷入了一种"无沟通的过渡期"，就像谈了一场"不能说话"的恋爱——我们不再有每天说不完的话了；

不会再边语音通话，边给对方分享自己今天看到有趣的段子和图片了；

那种互相争斗观点在灵魂上产生的共鸣，也统统不在了。

......

相反，他突然变得很忙。

总是隔半天才回我一次消息，本来还沉浸在热恋中的我，开始夜夜自省：

"一定是我太黏人了吧？我应该体谅他，不要妨碍到他，而且他的确也没有完全不理我啊，不过是减少了频率而已，或许感情走到最后都会归于平淡吧？"

可尽管我内心想通了这一点，还是在每一次看到惨淡的对白时，止不住地难过。

在《他可能没那么喜欢你》中，有这样一段话：

有时我们宁愿相信一个男人压力太大、太累、太自卑、太敏感、有童年阴影或者太爱前女友，却不愿承认一个简单的事实——是的，他不是太忙，也不是受过伤，更加不是有什么心理阴影，也不是手机掉进马桶或者是患了失忆症。

他只是没那么喜欢你而已啊。

所以......

·当"乖，早点休息哦，晚安么么哒"变成"先睡了"；

·当"出门记得带钥匙，路上小心点"只剩下"嗯，去啊"；

·当我曾经抛出一点点小的疑问，他都给我倾尽所有去解释，换成了"你现在怎么这么黏人了？"

我脑袋"轰"的一声醒了：我并没有无理取闹。

我从没有缠着他24小时盯着手机回复我消息，只是希望他在忙之前可以跟我说一声。

哪怕只是"在忙，晚点回复你哦"，这样就够了啊，但请不要突然玩消失，害我一直等行吗？

听说"感受被看到，就是最好的治疗"，而我的感受他全都熟视无睹，这是在雪上加霜。

以前他每隔一小时就发一次的"我刚刚想你了"，再没说过，我甚至因此赌气两天没有找他，果然，他也没有找我，可是不管多委屈多难过多失望，只要收到他的一条消息马上就满血复活。

两个人就这么奇怪的相处着。

"我们好好聊聊吧？"

不是没有想过要认真交流阿，可是他总能避之不谈，一个劲地说他开会太忙所以忘了。

我们的交流到了每周加起来不到半小时的频率，回消息越来越慢，回的字数越来越少。

直到有一天我问他：

"你都不想我的吗？"

"想。"

"可你没有一次主动找我，还是说，你喜欢两个人这样不联系各玩各的？"

"我都行。"

听完后我很怕，怕如果连我都不努力我们就真的完蛋了。

我开始每天活在自我否定中，很多时候我就任凭自己放空，干等他的消息，思考我们究竟怎样才能不分开？

直到很多个夜晚，我都抱着手机等到天亮，当我看着自己给自己的希望，一点一点被活活掏空，我终于再也想不起他曾经的好，我醒了。

因为你，我开始恨透了这样的自己，之前我一个人的时候活得多酷啊……所以不好意思，那种长期"卑微又廉价"的感情，我要不起。

我还是提出了分手，实则我是在做最后一次挽留。

"你能不能，给我个解释？只要你道歉，我就可以既往不咎，我们就还能回去。"

明明是一句话，我却分了五次发出去，我分段分得很明显，明显到像一个人说话时在哽咽，这也是他教给我的，以前我是"爱七分，表现三分"，现在我成了"爱三分，表现七分"的人。

可是到了那天晚上十一点，"我还在开会，你要困了就先睡吧。"

这就是我们之间的最后一句话。不必了，一个三分钟就可以说清楚的解释，你却能找各种借口给我拖延两天。

就算我是一棵仙人掌，你也要时不时地浇个水拿出去晒晒太阳吧？

我不是假的花，既然我曾经为你绽放，就也会因你枯萎。

所以亲爱的，我不主动找你不是因为不爱了，不过是害怕失望罢了，对于失望这个烂东西，你给过的不少，我也的确攒了满满一筐，是时候该走了。

我没有告诉你，其实一直以来，我心里都有很多很多小想法，我以为只要我一股脑儿地倒给你，你就一定能明白个大概了，可我没有想到的是，你从没有一颗想了解我的心。

还记得之前我在微博写过一句话："其实这世界上根本不存在什么'暗恋'，说到底，还是你喜欢的人不了解你，或者从没想过要了解你。"

感情真是这样，喜欢是没办法背叛的。

那么现如今，我终于明了我的主动对你来说一文不值。

我太像便利店，即使贩卖所需的一切，亦没法留住你这位贵宾。

没有被爱照亮的生命，存在本身就是羞愧。

我不要羞愧，我自己走。

喜欢一个不喜欢自己的人
是什么感觉

喜欢上一个不喜欢自己的人的感觉，大概就是你明明站在万人中央，可我看到的，却是空旷广场。

以前我每天一早醒来，只要一打开微信就能收到小绿的聊天截图轰炸：

"我跟你说，我今晚和贾公子打了整整四个小时的长途电话，时间过得可快了。"

"他今天不但收了我的小零食，还带我去吃饭了唉！你说，是不是有进步？"

"我才知道他喜欢萝莉类型的女生唉，莞婷你以后看到我再买成熟的衣服，就抽我。"

……

诸如此类，简直看得我应接不暇，诚然，能让一个女生说话的语气，眼角眉梢的细微表情都发生变化的原因，不外乎是一个人，一份感情。

可就在最近，小绿突然整个人都安静下来了，我调侃她："怎么了？不但被你家贾公子制服得服服帖帖，还学会做个文静的小淑女了？"

我刚说到这，小绿"哇"的一声就趴到我身上哭起来了，"什么啊！他从头到尾根本就没有爱过我啊！"她呜咽着说。

原来，贾公子是那种打一开始，就能认定一个人能否让自己倾心的人，而小绿恰恰就是那个在他心里注定住不了多久的女孩。

他擅长暧昧，这称得上是他的一种生理需求，所以若即若离也好，欲擒故纵也罢，总之在这一段暧昧里他有着足够的掌控权，就像一节弹性良好的弹簧，你都拿他没办法的。

其实一开始小绿没有喜欢他，只是对他在工作上的认真有好感罢了，可不久后小绿发了个朋友圈，是自己的自拍，这时候贾公子就出现了……

他评论她说，很好看。

小绿回复谢谢，贾公子接着回复说："其实我说的是你的口红色好而已……"小绿气不过，自然就主动找他质疑自己的美貌，结果被贾公子一口打回原形："哪有觉得你不美，你很美，而我刚好有空。"

瞧这话说得多一语双关，小绿的少女心一下子就被整个都勾了上去，还有连续三个排比句——不然我会这么闲看你朋友圈；这么闲想你口红好不好吃；这么闲想怎么才能吃到吗？我才不会呢。

说实话，这些如果是小绿不喜欢的男生所说的，估计她因为他的自恋立刻拉黑不送，可惜的是：

她偏偏很喜欢他，所以他说什么不重要，重点是他说的。

于是小绿就这么轻易上了钩，他们开始经常打电话打到深夜，最后互道晚安，贾公子迅速成了她的最常用联系人到星际好友，再变成微信置顶，他们看起来能准确地接到对方抖的包袱，吐槽对方的点，也能自省。

这一切都顺水推舟一般，看起来美得不像话，可小绿不知道有一种感情——两方看似势均力敌，但偏偏其中一方的态度就如玩一场打发时间的游戏似的，小绿是鱼，贾公子是水，鱼那么信任水，水却煮了鱼。

他享受的，不过是那种类似"我喜欢的，就是你这样的女人会爱上我的这个事情"的感觉罢了，徒留小绿喜欢上了一个不喜欢自己的人。

她陷得越深，他越能从她身上找到存在感的证明，越是得意，在这片名为"暧昧"的大海上，他是永不靠岸的潮汐，小绿则是被拍死在沙滩上的残骸。

但庆幸的是，贾公子在后来跟她坦白了他不爱她的事实，没有造成进一步的伤害，点到为止，小绿在最后小心翼翼地问了一句："是我不够好看吗？"

贾公子顿了顿说："不是，不爱就已是最好的理由了。"

那天的最后，小绿和我说："其实自始至终，贾公子看似给了我对未来的想象，实则什么承诺都没有；似乎又给了我爱情美好的感觉，可仔细一想，徒留日日夜夜的忐忑不安。"

还好他提前告诉了她，自己并没有想真正和她在一起，他们最后和解了。

贾公子在电话里说了句："很高兴认识你。"小绿红着眼咬出那句："我也是。"

我和小绿说你得谢谢贾公子，尽管他说了不爱你，但不得不承认这也是一种温柔的爱啊，小绿咬着牙，顿了顿说，是啊，我得蜕变得很好很好，才能在以后的日子里，做那个拒绝别人的人。

从那以后，我再也没见过小绿提起他。

当你爱上一人，便意味着你赋予了他至高无上的权力。

他的忽略、轻慢、不疼惜和肆意伤害，你都得全盘接受，不能有任何怨念，而这一切的一切，都是你愿意。

遇见一个合适
且长久的人有多难

光凭等待，是换不来爱情的。

倘若"错的时间"遇见"对的人"，即便是拖延时间，也并不会等到"对的时间"。

我没办法同时协调好很多事，所以时常跟喜欢的人在生活上步调不一致，合拍的人却又喜欢不起来。

即便自我看你的第一眼起，就明了我喜欢你，但你看我从来都无法赞同你的言行举动，所以不得不开始心生怀疑——我们究竟是否合适？合适了又是否能长久？而这一切，这就如同不可期的彩票一般。

还记得一年前的今天，我遇到甲先生，他刚一见面，就给我画了一块很大的"饼"。

这块"饼"的叫作：未来。

可我们的感情，在他眼里分明是没有什么以后的，他却对此绝口不提，总能很好地绕过去，那时候我不懂，只是竖起耳朵认真凝听，生怕错过他嘴里的哪怕只一小块的边缘地图，还以为我们会一起慢慢圆满这片蓝图，没料想……

这一切不过是按照他的套路在走，可事情总有水落石出的一天。

"尽管南来北往很累，但我会去南方找你的"；

"你别想那么多，乖乖等我"；

"可以啊，你看看你想去哪，我带你"；

……

"我总会去的"。

当以上这些话，总是频频出现在我们这段异地恋里的时候，我懂了。

甲先生就是这么给了我一场最宏大却最幻灭、最浅显却最真实的、最初的梦，当时我尝试过一整个星期不去找他，我天真地以为——我不理他，他会难过，结果是我难过了。

原来，当全世界都能看见我为你故作矜持，殊不知，你早已蒙上双眼，屏蔽了我的一切。

我管这叫，喜欢并不合适。

这半年里，我放纵自己沉溺在甲先生走之前把我丢进的海域里。

直到我遇见乙先生，我们就类似《最完美的离婚》里说的一样：

亲人，并不是因为递交了结婚申请那张纸而成为亲人的，而是因为某一天在喝茶的时候，自然而然地把对方当成了亲人。

我和他是半夜一起失眠的那个夜晚，畅聊一宿，隔着屏幕产生了感情的，我们太像了——同样有轻微抑郁情绪；

同样有被背叛的经历；

同样喜欢着某种文化和哲学上的东西。

佛说，这一世所有的相遇，都是上一世的重逢，我相信我们并不是刚刚认识，我们只是重逢。

我不是没问过他："你看我们的相识过程充满这么多蹊跷，差一点都会错过呢。"

他却告诉我，两人相似之处太多的话，不论在何时何地遇见，都自然而然会互相产生情愫的，说偶然也是必然，只是"遇见"这件事本身就已经比较困难罢了。

当时我似懂非懂，直到他说要来见我，我一口否决了，因为上一段的失败经历让我明白：

如果我们见面，只是见面，那么他给不了我想要的未来，或者从未想要给我未来，就真的不必委曲求全了，否则还失去了一个网络上很聊得来的朋友。

那样面对深夜孤独时，我们都没办法给它一个好的交代。

而"委屈求全的感情"有多狼狈呢？

大概是他懂我想要什么东西，他那里也有，但他宁可扎伤你，也不愿把它交给你。

如果我的天真只能被消遣，那我不敢无怨无悔再赴火一遍，他怕感情会和他的事业宫相克，我怕我对他的爱覆水难收。

我管这叫，相爱却无法在一起，没办法的。

爱情与生活经常发生碰撞，而这或许就是在我有生之年都无法治愈的顽疾。

坦白说，这一年里，我也触摸过好几次"乍见之欢"的感情了。

每次，每一次我都以为：

他是那个我在前一世失散的亲人；

是我在第一眼时，就似曾相识的那样一个人；

是我说，就是他了，我等到了的人。

但结果，他们只是一个又一个"金玉其外，败絮其中"罢了，我一边笑他们都不是"对的人"，一边笑那自己又何德何能呢？

我知道，倘若那个合适且长久的人一旦出现，最明显的一点是——你和他在一起做任何事，哪怕是单纯地坐着发呆，都不会觉得浪费时间。

对方始终是摆在第一位的。

和他在一起时，我不会再心心念念着手机的"未读消息"；我低落的时候，他懂得怎么能让你开心，这样漫长的一生共度起来才不会太费劲；他不会在我感性的时候跟我讲道理。

不会在我气到头冒烟的时候，跟你硬碰硬，就像打羽毛球，轮流发球，他绝对不会让你当一直捡球的那一个。

你在没遇到他之前，可能从不相信爱情，可突然有一天，他就这么从天而降到你的生活里的时候，你连走路的样子都很放肆。

是啊。太难了，不然怎么很多人活了二十多年他都还没出现。

但我仍然坚信，会有那么一个人，跟我提到过以后几年的光景：

就是正常一对夫妻会慢慢开始厌恶对方，对彼此的一举一动都了如指掌因此而感到厌烦，但他会有相反的选择。

他会对我越是了解，就越是能真正地去爱。

他会每天算着我会梳某种头发；

我会想着他明天会穿哪件衬衫；

我明白他在某种场合一定会讲的故事。

我相信那才是爱一个人最真实的境界。

那么现在，我依然不打算在爱情这摊浑水里全身而退，我等时间自己惭愧。

失恋后，再快乐，
也不会多快乐了

1.

有人问：失恋后，每天坚持健身、看书、学习，为什么依然没有快乐？

因为在"感情"里失去的那种快乐，是其他快乐所不能"替代和弥补"的。

反之亦然。

我并不是一个完全靠感情来活着的人，和他在一起后，之前的爱好也全都没有放弃，相反地，偶尔还会因为和他恋爱影响到了我之前的生活，让我有一丢丢不开心。

可，他就是他啊。

他是那样一个活生生的，曾经占据我心灵和情感的，曾经教会我很大一部分如何去了解这个世界的人。

他不是别的。

他是我的天空、阳光和氧气，没有任何东西可以取代，可以弥补。

所以当我失恋后，在我习惯性地为学习、看书、写稿、健身感到快乐时，我恍然：

曾经跟我一起分享这个世界的那个人，不在了。

我只是觉得：

原本不应该是我一个人站在这里的。

2.

独木舟说过：

"我们是受了伤，余生都在流血的人。"

原本健身时我很快乐。

我可以把沙袋和跑步机当成我讨厌的东西，尽情发泄，可失恋后，我只记得：当初是他带我从小区来到健身房的；

原本看书时我很快乐。

我喜欢小说里的天马行空，可失恋后，看什么情节都像我和他；

原本写稿时我也很快乐。

我可以把不开心的事都放进文字里，可失恋后，我就会不由自主地写到他。

你看，我就是这么没出息，其实我们只是一起走过一段路，我却能把回忆弄得比经过还长。

每天。

我依然正常地做着那些事，

依然避无可避地要碰到欢声笑语的人群，

但我难以融入，就如同一抹惨白扎眼地杵在五颜六色中。

是的，失恋一点都不光彩，我只能由着自己把那些过往放大又放大……

我怎么会忘记那时的自己是多么的郁郁寡欢？几乎随时随地都

会有某个名字在脑海里突然蹦出来。

我试图把它赶走，它却怪我，当初为何收留？

"好吧，好吧。你留下吧，我没后悔，我只是难过。"我就这么告诉他，和我自己。

我清楚自己看上去有多不快乐，最惨的是：

一个人时，我对此毫不掩饰。

3.

每到天黑人静后，我都会复习一遍我的黑名单。

我熟练地操作着微信，找到"隐私——通讯录黑名单——我给他的备注"。

先是复习复习聊天记录的开头，我们互相调侃相互试探的样子，再温习一遍结尾，那是只有我一个人"强装洒脱"的造作式告别。

说到告别啊，当时我说完便果断拉黑。

因为这样，我就可以完整地保存我们的聊天记录，以便日后像现在这样，陪我度过漫漫长夜。

也更是因为：

说完分手的我，生怕听到他的一言一语一字一句，怕自己心软，怕自己的怯懦把结局弄得不堪，怕会更改我好不容易才逼迫自己放手的决心，我还怕自己仓皇而逃的样子被他看见。

有多可笑呢？

就是我既想抹去那段记忆，又用它时刻警醒自己。

·当我又写完一篇新的文章，我还是会问自己：我们到底为什么会分开？

·当我又做完一节动感单车，我还是会想如果分手的时候不是隔着屏幕，会不会我们还在一起？

·当我又看完一部戳心电影，我还是会想，为什么这么经典的片子我们没来得及一起看！

但凡到了停下来的间隙，他总能钻到我的心脏里，开展一场盛大的自我角逐。

4.

很难相信，真的不在一起了。

很难接受，以后大概不会再见了。

但我很清楚，我还要一个人独自活很久，在没有你的状态下活很久。

如何忘记一个
深爱的人

不是时间。

因为时间从来不会替我们解决问题，它只是让我们熬到真相，让我们手脚发麻，再不得不心服口服地，放手。

可我不想放手。

所以，一场感冒痊愈的时间大概是十天，

一场夭折的爱情痊愈的时间是——未知。

直到现在，我还是会怀念过去那段生活，至少它是我人生中最喜欢的阶段之一。

真的很喜欢当初，我们大半夜用微信打语音电话，他听到我这边手机的震动，逼我告诉他是谁发来的消息，我说没有，不信我截图给你看。

那是他第一次跟我撒娇说：

"不行不行，你快告诉我是谁，不然截图前你肯定会删掉消息的。"

最后他知道是别的APP传来的震动才甘休。

真的好喜欢那时候，他虽然很孩子气，但他还在乎我。

巧的是，我们分手那晚，微信里找我的人络绎不绝，然而再没有人这么问我，那一刻我溃不成军。

我还是很喜欢他，尽管我们不能在一起了。

后来，我总是在夜里翻来覆去觉得他在想我。

偏偏我是这样一个反射弧极长的人。

分手后第二天：

·我多写了一篇文章；

·多看了一部平时不爱看的类型电影；

·我没有刻意少吃饭，还去健身房多练了一会儿椭圆机。

我依旧做着更多那些避无可避的事，拖着躯壳在回忆里缓慢前行。

每天，我没有很努力去遗忘，相反地，我私心地允许自己独处时想他一小会儿。

我管这叫：以毒攻毒。

我甚至还翻着我们留在社交平台上的记录，回顾我们说好一起去文身时，我怕他以后会后悔，他说的那句：

"我不怕！我喜欢一个人不考虑以后。"

还有我们互相嘲笑对方怎么那么傻时，频频冒出的那句：

"只有对你这样而已。"

我觉得可怕。因为我还看到，像我这样一个没有安全感，对人性始终不那么信任的人，居然那么高调地，在众目睽睽之下，宣称我恋爱了，还带着一点儿炫耀的成分，我以为我遇到的是那么完美的一个人。

是时间还不够长吗？

不是。

只是所有的回忆都没有走远，所有的期待、沮丧、灰心、隐忍，这些情绪从来都没有真正平复过。

时间过去这么久了，我依然有泪为你而流。

有人说："你知道深爱是什么感觉吗？"

"就像房间突然黑了，我不是去找灯而是去找他。"

其实，仔细想想，我真的也不是非他不可。

或许我早已不是在等待他爱我，不过是在等待我不再等待他的那一天，在等那么一个彻底让自己绝望的节点。

就像那种孤注一掷的赌徒一样——

明知最终要一败涂地，还是抱着一丝丝侥幸，奢望回本。

他们总是说：

"拥有的时候，不懂得珍惜，每每到失去了，才后悔莫及。"

事实上，是我竭尽全力地珍惜了，也逃不过失去的宿命。

有些人啊，就是不管时间过去多久，还是会时不时的让你觉得，好喜欢啊。

喂！事到如今，你尽管大胆往前走吧，我自有我无可抵消的孤寂和沉默。

反正我们还很年轻，说不定最后你还是会和我在一起。

当你躲在空窗期的观望台

——一个人是撑不起一座摩天大楼的。

自作多情
是种怎样的体验

"什么都不是，却什么也不想放弃。"

在我18周岁生日那天，我的一位舍友突然在party上消失了。

她该不会？该不会是，被我喜欢的男孩子叫回学校，帮忙在我宿舍楼下摆爱心蜡烛、手捧鲜花、练就了一身双膝跪地的姿势，然后等我"毫不知情"地归来，张大嘴巴感动得痛哭流涕吧……

不然这么神圣的一天，舍友怎么能毫无征兆地开溜了？

真不夸张，当时我心里急着想回学校看看，但又不好意思表现出来。

我急啊……我喜欢的人马上就要向我表白了！

毕竟："你喜欢的人也喜欢你，堪称奇迹"。

殊不知，所有不是"两情相悦"的感情，都是一个人对另一个的自作多情。

于是在接下来十分钟里，我纠结，我抓头发，我思前想后，终于还是问出了口：

"可可去哪儿了？"

没有人回答我，在大家朦胧的眼神里，我懂了。

一定是了！

一定是他要跟我表白，场面太大太精彩……人手不够，为了配合默契，不得不拉上我们"出游小分队"里的成员，我唯一的舍友，可可。

而以上，我脑海中想的这一切，并不是毫无来由的。

绝大多数的"自作多情"，皆有迹可循。

·——我和学长刚认识那会儿，虽然不是对方的微信置顶，却胜似置顶。

因为在我们睡前互道晚安，醒来后互道早安之间，也几乎不间断地跟对方汇报自己的一切行动。

——他会在图书馆和我一起看一整天的书，在闭馆后送我回宿舍。

会在晚饭后，晚课前约我出来，一起去操场走两圈。

——然而就这样"你一来，我一往"地聊天，足足坚持了一整个月后，我发现我们竟然还是没有进一步的进展。

这里的意思是：我们并没有确立关系。

"互相喜欢的人难道不应该在一起吗？"

"当然要在一起！"

"那是我的这份喜欢，表达得还不足够明显吗？"

这个问题我想了两天，也冷静地观察了我们聊天的方式和内容两天，我笃定他是喜欢我的。

于是两天后，我开始主动出击。

我主动约他去校外看电影，他推托了；

我跟他说新街口刚开了一家超级好吃的餐厅，我抢到了预约位置，他没有来；

终于我连续约了他一个星期，他说要请我吃饭，在学校后街的一个馆子里。

我精心打扮，踱步到餐厅里，期待他能多看我一眼。

结果我一进门就蒙了……那是一个大圆，上面坐满了六个人，还剩最后一个位置给我。

对啦，这个男孩是我所在大学学生会的副主席，而其他五个人，都是我们这届学生会里的。

事实上我平时懒散惯了，对学生会也没什么兴趣，讨厌一切无聊的会议。

可自从有一天他单独找我聊了聊我对未来的展望后，我发现——我开始每一次会议提前到场；

我积极帮忙写策划，做文案；

我甚至主动留在"礼仪部"给别人颁奖；

原来我不光是为了让自己见到他，更希望他能看见我的才华。

原来真心送出爱是这么简单。

而他用那个饭局，既回应了我主动邀约一周未果的不甘，又组成了"出游小分队"。

我不得不为他的情商所折服，他说学生会里最看好我们几个，所以希望大家以后多一起出去玩，然后他指着我说了一句：

"你，是我勉强带来的。"

是的，我恰恰是被这种在他面前较为特殊的一层感觉所吸引。

后来我们7个人经常一起出去玩。

·我们每在一个地方留下合影，我都会偷偷把其他五个人P掉。

·我帮他和小分队中别的男生拍照时，我都想把那个男生追到手，只为了让他们离远点。

·我经常借口给另外6个人买零食，送到各个宿舍，而他的那份我留到最后才送。

当我越靠近他，我发觉我越喜欢他。

我把他的朋友圈翻到最底下；

把他无意间提起的几家好吃的店，每一样都尝试；

还有和学生会别的学长学姐混好关系，只为在不经意间听到他以前的故事。

而这就是我喜欢一个人最纯粹、最真实的方式。

我想了解他，用他喜欢的方式去喜欢他。

所以那天生日，我带着五个舍友一块儿出去玩，但内心还是无比自私地希望——只有他就好了。

我给他发消息，他一如既往地秒回我，问我今天快不快乐，电影好不好看，晚饭有没有吃得很满足？

而我只想听到一句："你要不要跟我在一起？"

但我等那句话，就如同在机场等一艘船。

我习惯了等，他习惯了被等，某种程度上，我们还真是天生一对。

所以当我主动地，翼翼小心地，患得患失地说上了一句

"我是真的很喜欢你，能和我在一起吗？"的时候，我赶紧锁上手机屏幕，生怕看见我不想要的答案。

然后。

然后我一直没等到回复，然后我的舍友接着消失了。

于是我有了开头那分奇怪却过分真实的猜想，到这里我还没觉得是自己自作多情。

可是啊。

他太懂我了，所以，感动我毫不费力，要伤我就更加容易。

那天我回到学校，忐忑地走到宿舍门口，什么也没有。

我解锁手机，什么也没有。

后来直到宿舍关门，他让我下楼，我激动地五级阶梯一齐跳下

去，却换来他一句调侃：

你终于成人了。

他笑了，我也笑了。

他送了我一个自己养的风信子，上面贴了风信子的花语：

只要点燃生命之火，便可同享丰富人生。再见17，18岁快乐！

就是那晚，我放弃了，也明白了他在最后一刻的表态。

原来，这世界上有些人的出现，就是为了在一开始给你画一个绝无仅有的蛋糕，蛋糕上面每一层都镶上不同的你想要的东西，你满怀期待地等，等到终有一天，蛋糕画完了，你才恍然，这款蛋糕从头到尾就是一张画而已。

可你当初为了那个人，那块蛋糕，决绝地拒绝了其他所有食物。

本来你觉得吃什么都行，本来你也自信地以为自己早已"丧失了喜欢一个人的能力"，不会再那么爱、那么信任一个人，可当他牵着你的手一小步一小步地走出来，当他让你完全把自己放心交给他……

不过，真遇上了，谁不愿意感受一次真爱呢？

结果他教了你武功再废了你最后让你成为一个无用之人。

这种感觉就叫作：幻灭。

我不懂。

明明当初突然出现的人是你，为何偏偏用心经营和自作多情的是我？

抱歉。

如今我只能用"自作多情"，赋予我们这段感情，最后的一点意义。

"对你好"的男生
到底是什么样

　　他为你准备烛光晚餐、送奢侈品、为你写诗为你唱歌、陪你看晚场电影再送到家门口——但他做这一切，都不仅仅是为了和你上床，这是"对你好"。

　　也许你觉得以上这句话过重，但朋友糖糖就是个鲜活的例子，前段时间她谈了一个"带得出去带得回来"的男朋友，和我们一起玩的时候，她背着他送的名牌手袋和坠饰，眉宇里满是风采，我们纷纷称羡，投射出最大的慕意。

　　"又高又帅又懂女生，真好啊……"我们这么说。

　　可就是这样，我们认为一定沉浸在蜜罐子里不可自拔的她，在一个喝醉的夜晚给我打电话，语气里满是哭腔：

　　你知道吗？我把第一次给他了啊……就在我们见面的第一天。

　　第一次见的时候他真的好暖啊，看什么电影、在哪儿吃饭、去哪里逛一逛全都悉听"我"便，我真觉得我遇到了一个特好特称心的人。

　　我一直感觉，爱情这种事是我再也碰不到了的，但很久以后我才明白，一上来就以百米冲刺的热情要求和一个人长期稳定发展，这本身就是不认真的。

所以你看，他后来对我的那些"好"，也只是为了他自个儿心理上的亏欠所做的补偿而已。是啊，我动心了，我也以为他用行动代表了心动，我们从相识到相交，那么然后呢？然后这一切，不过沦为一场虚有其表的鱼水之欢。

听完后我为她惋惜，因为糖糖以前一直被我们嘲讽：三句话不离那句略带非主流的"感觉不会再爱了"，但在爱情来的时候，她还是把自己当成了一台永动机，奋不顾身、轰轰烈烈地单方面爱了一场。

她怎么错了呢？她不过是幻想遇见他，从此人生完满，但终了还是被打进一座更寂寞的城。

他不过是她用关上灯才换来的一场碎梦。

我希望你爱我，就只是爱我，你对我好，就只是也想换一个"我也对你好"这么简单。

这世界已经那么复杂，感情就真的别再那么复杂了吧。

其实"对你好"无非就两种：

1. 物质上的满足：买买买买买。

2. 心灵上的快慰：别怕，有我在。

人有时候真是现实又虚伪，"我不要你的钱，我只要你的爱。"这句话碰上对方太穷还好解释，对方万一是个富二代，你真觉得自己这句话站得住脚吗？

我从不觉得物质是个坏东西，但也并不是缺了某一样就说明恋人不够真心、他不够爱你，抑或是你们的爱就不再可贵了。

我们学校有个男同学，每天坚持给异地的女朋友写一封信，文笔特烂、字也一般、句子经常还不通顺，每隔一周都把七封信和零食一起打包进快递，开始我们还会笑他傻，后来再也没人敢笑了。

我们怕了，怕给他的那份认真了。

这世界从来都是缺什么什么最可贵啊，现在这世界恰恰最缺那颗能安安静静坐下来，把对你的思念化为在纸张上驰骋的心。

因为他也知道，每周拆快递连拆七封信的女友会明白，他每天在想她不论多忙，他在用自己的方式对她好。

我们在选择爱一个人的时候，其实或多或少都有理由，谁也不是真的傻。

我也许是喜欢你告诉我"不用冷暖自知，有我嘘寒问暖就行了"，也许就真的是喜欢你付之一炬的"形式主义"。

"形式主义"最大的优势是：它能代替我那笨拙的内心，递出一份同等的爱。但遵循能量守恒定律，它也附加了一个致命伤：

因为形式，所以套路，多少降头在时光的尽头等你。

喂，找一个"对你好"的男生吧，但请别再找了一个"为了对你好而对你好"的男生。

他也许没有送过你999朵玫瑰，也许他目前的能力还不足以给你买一个奢侈品包包，但他未必不爱你，他可能只是一直在用尽自己的方式，对你好。

我记得很清楚，以前聊天的时候，有个男性朋友说了一句话："男人找女朋友和妻子，是不会在第一次见面就上床的。"

我当时听完后愣神了几秒，觉得这话有些偏颇和过激了吧。

但仔细想想，确实是那么回事啊——如果你手头上正有一件特别珍爱的、你希望陪伴你度过漫长余生的物件，你真的还用那么着急，一次性探求完它的可能性吗？不会。

你会怕你战胜不了人性自带的那点"喜新厌旧、贪得无厌"之类的弱点；

你想要慢慢来，你渴望它带给你源源不断的新鲜感；

你是真的想要再选择相信自己一次啊——怎么就不行呢？你也

可以很专一，你也拥有"永远"的资格啊。

我知道这的确很难，我也切身有过那种体会啊：

算了算了，真心一生就那么一次，找什么找，既然大家都懂套路，也别浪费时间了，也别管他段位高低了，反正最终结局殊途同归，找一个帅的有钱的就好了嘛。

真的不行。

你呀，要连自己都敢骗，那可真恭喜你：

全世界最信任你的那个人，自此已人间蒸发。

如何判断
一个人是否喜欢你

　　这问题蛮尴尬的其实，因为有一种人，他们一边嘴上喊着"喜欢你"，一边却又什么都没做。

　　简称，不那么喜欢你。

　　他们压根儿等不到你自己来判断，自己就原形毕露得差不多了。

　　记得一个学妹曾经跟我诉苦，说她不清楚自己的男朋友到底够不够喜欢她，为什么呢？

　　原来，每到放假前几周，男生就说带她去哪儿玩，学妹说"好呀好呀"，结果直到假期前一晚，一问男生他什么都没准备，还在打游戏，两个人来回的车票还是女生先出的钱买的。

　　我说我很能理解这种感觉。

　　曾经有个男孩子和我连续聊了一周，每天都聊到很晚，相谈甚欢时，他突然问过我一句：

　　"你觉得咱俩现在是在恋爱吗？"

　　"是恋爱的感觉，但一定不是在恋爱。"我不假思索地说，因为我很笃定，他并没有自己说的那么喜欢我。

具体表现在：

1. 只是说说，反正打字又不要钱。

那天我重感冒发烧到眼睛痛没办法入睡，收到他的消息轰炸，也只能勉强打开手机回一句时，他念念有词：

"我给你网上买药吧，实在不行我让我好朋友给你送学校去。"

"吃饭没，我给你叫个外卖吧。"

事实上我向来生病了就喜欢硬扛不爱吃药，但如果他真的买了，我一定会因为他有这份心，多少吃一点，"没事儿，我不爱吃药。"我见他总是光说不练只好这么说，后来他就真的就没买。

"那你记得多喝热水！"他说。

2. 每天早晚安，必说其一，可我也没那么闲呀。

你看到了不回吧，不礼貌；

你回了吧，但总能发现他的头像说完晚安后，又出现在朋友圈/共同群/另一个社交平台更新动态。

膈应。

3. 健忘症得治。

正值2.14情人节，因为异地，他说送我一条材质很软的围巾，这次我没有拒绝，我想着等围巾一到我就戴着它飞到他的城市一起过节。

后来连4月1号愚人节都过了，那条围巾我都没收到，情人节当晚，他跟我说节日快乐呀，今天怎么过的？

"快乐个屁！"我咽下这句，回了个表情再没理他。

反正这几件事后，我觉得他蛮打脸的，让他的"喜欢"看起来好廉价，其实作为女孩子并不是想收什么礼物，她只是想通过你在一点点小细节里的表现，是否"言行一致"，判断你是否对她

"上心"。

这也就是我为什么说，"一定不是在恋爱"，因为他根本没他嘴上说的那么喜欢。

可又怎么是恋爱的感觉呢？

1. 你们每天共同"分享生活"。

两个人在微信上相互直播各自的动态；你总是知道对方在干嘛；他出门办事了会跟你说一声，你看的电影里出现什么台词也知会他一声。

2. 你们给对方打电话基本上不用提前"预约"，全凭喜好，也不怕给对方造成打扰，这只是一种用"承诺"营造出的"假喜欢"罢了。

听说，"年少的时候喜欢一个人，是翻山越岭，是一心一意，是一封封没有寄出的信，是长长久久的偷偷注视，是到了黄河依旧不死心，是模仿她喜欢的任何样子，是眼泪湿了你的眼睛却舍不得淋湿她的心。长大了以后，我们喜欢一个人，是买束花问问可不可以？不可以我就换一个人了。"

现在我们很少再提及"永远"一词，不是它本身不好，而是我们心照不宣地避讳那种事后打脸的尴尬。

于是他才会说"我来照顾你呀""不要怕，有我在"。

可是你当真以为你摆摆尾巴，没有付出，别人就能和你走了吗？

对此我只想说：有你在个屁呀，这隔着好几百公里和俩手机屏幕呢！是啊，反正说"喜欢你"又不要钱，三个字也不会太费时间。

反正我也还不足以迷恋你，你身上的疤在我这儿也盖不太全。

是什么
让你放弃了表白

　　我几乎是不会主动表白的人，都说女追男隔层纱，直到有一次。

　　我刚进大学的时候曾特别喜欢过一个男孩子，他大四。

　　我们因为学校的文学社而认识，起初我对他并无什么特别的感觉，但几次接触下来，发现他是一个内心很纯净的男生，长相有股英气，我们聊天的时候也是那种"你一来，我一往"地各抖包袱。

　　有一次他通过社长找到我，让我帮他表演他主办的话剧里的一个角色，结束后他一个劲地夸我："你今天表现的特别好"，还说要请我吃饭什么的，后来我们在微信上也聊得很欢，我也以为，他是喜欢我的。

　　可我们没有在一起。

　　因为我们接触的时间统共下来也就两天，摩羯座的我是那种一次看对眼就会很确定的人，易冲动。

　　于是第二天我把他朋友圈和空间写的所有日志都一字不落地看完了，还把为数不多的几张照片放大又缩小地看、猜他在哪家买的奶茶、宿舍盆里种的什么品种的花，我还在百度上搜过他的名字，重名很少，所以尽可能地扒光了他在网络上暴露的所有的信息，那就是我喜欢一个人的方式。

连我自己都叹服自己可以做侦探了。

我通过自己敏锐的洞察力，知道他喜欢Jay的歌十二年，知道他喜欢钢琴但不是很会弹，知道我们一样喜欢写文章看书，还知道他和妈妈的关系要更好一些，知道他喜欢Nike的鞋是因为喜欢那个"勾"的标志，也知道他每天都会去图书馆149号自习，五点去操场锻炼……

我以为这样该足够了解他吧？这样足够在一起了吧？

就像去考试的学生觉得各种题型都得心应手，我还特意一早跑去149号对面的位置占位，假装偶遇，他也的确在某天晚上和我一起去了图书馆，送我回宿舍。

我翼翼小心地表白了，而他拒绝了。

那天晚上我在宿舍大哭了一场，思前想后到底是哪里出了错，我才恍然最后只有一个结论——他是监考算数的，我是去答恋爱习题的，拿的根本不是同一份试卷。

我以为自己足够了解你才喜欢的你呀，所以，当我再次鼓起勇气去追问，可是那个人却只是"惯性"对一个人好，更何况是帮助过他的人，那只是他的性格使然，并不是爱和喜欢，于是他笑笑说：

"别闹了，我们才认识几天，女孩子别那么草率。"

我很疑惑，感情这种奇怪的事，也在乎认识的时间长短吗？不是，不是的。只是他没那么喜欢我罢了。

而我所欣赏的感情，就是以上漫画里的那样：你懂我为你受过的苦，我懂你为我做的付出。

所以自那以后，我成了一个面对再喜欢的人也"按兵不动"的人，因为我明白：两个人的喜欢若是对等的，你如果发一条信息，对方不但会乐意接梗，还顺势抛出来一个又一个梗的话，那才是"互相喜欢"。

就好像吃一堑长一智了，一朝被蛇咬——十年怕草绳，我没办法再回到那种傻兮兮的自以为是的姿态了。

我开始需要考虑很久，多方面观察他到底能有多喜欢我，但我这里说的并不是自己单方面不再付出了，而是需要一份"对等"的感情。

所以后来也遇到了一个让我一见倾心的男孩子，我们也会深更半夜在微信上聊天，但互道晚安的时候，我发现他是没有那种一丝丝不舍得感觉的。

甚至，有时候会发几次朋友圈不回我微信。

一起出去玩，我稍微表现得主动一点点，用餐的时候和他坐在一排，他好像也没什么回应，我知道那根本不是什么怯懦和害羞，而是他本能的没有那种感觉。

就是那一刻，我的心被尘封了，不会了，再也不必了。

就算未来某一天，他再跑回来找我，我可能也不会再积极回应了，你可以说："我心里已经有一个永远难忘的人"，这无可厚非，但你没给出一点点砝码这件事，就证明我们的感情点到为止了。

女孩子就是这样的，她们也不需要你太多，但至少要一份百分百纯正的肯定。

而他在动作里的犹豫、眼神里的迟疑、言语上的规避都给我们之间的感情加了一道又一道屏障，这甚至会影响到我自己——开始怀疑我并没有那么喜欢你，不过是不甘心自己居然不能被你喜欢，或许我也不是多喜欢你，只是恰好遇到你罢了。

之前说感情是乘法，一方为零便为零，更可怕的是，当一方只有0.01的时候，另一方却在用成千上万来委曲求全。

我特别害怕我什么都愿意给他，最后却输给了伸手向他索要的人。

而恰恰是以上种种，构成了现在的我——似乎很容易喜欢上一个人，但很抱歉，再也没有非你不可的感觉了。

其实每个人都会离你而去，不过是谁先走谁后走罢了，但有个小秘密要告诉你：

我一直心存好奇的是，我的生命里究竟要出现多少个"路人甲"，才能成全我跟那个还未知的你呢？

为什么有些人会害怕
接近自己喜欢的人

不确定他会一直对我这么好下去，所以连"开始键"都不敢按。

之前有喜欢过一个男孩子，有多喜欢他呢？

就是他在早晨六点打电话给我，那时候我刚睡没两个小时，一样能心平气和地和他说话，然后一聊聊到八点继续睡。

但即便如此，当他跟我提出"要不要考虑在一起看看"的时候，我几乎是本能性地立刻否决了。

那是一种很奇怪的心理，就像有首歌词里说的：后来我都会选择绕过你办公室的窗口，又希望在小卖部能遇见。

印象很深的一次，他在生日零点的时候发了一条朋友圈："又长大一岁啦，今年希望我喜欢的人也喜欢我。"

当我看到共同好友都排队形地回复"喜欢了"的时候，我却本能性地跳过了那条朋友圈，后来我开始失眠，紧接着一整个白天都精神恍惚，看着越来越长的队形，我总觉得——如果今天不做点什么，我跟他或许就再没可能了，因为倘若他没有在几天内变心，他口中那个"喜欢的人"应该是我。

可在这段关系里，我太被动了。

遇见他那会儿，当时正值我失恋的第二个月，至于第一个月是怎么过来的，大抵是如《失恋33天》里演的那样，分手是用电话分的。

在这里不得不夸一下电话这个东西，因为你永远看不到那个用全世界最恶毒的语气说"我从来就没记得过你"的人，在另一头已经泪流满面了。

在大步走开、表演酷酷之后的日子里，我每天都要花一小时以上的时间，对着我手机里如"骨灰盒"一般的聊天记录、照片、自己写的便签，来来回回地看。

我还顺便陷入了一种怪圈：很享受那个活在回忆里的、略带病态的、脑子凌驾于他人身上的自己。

"回忆不能抹去，只能慢慢堆积"，当时我很迷信这句话，或许根本不是什么"忘不了"，全都是我不想忘罢了。

所以，当我在这个关卡遇上他的时候，我已经能正常地和异性接触了，但却完全没有一个开展新恋情的想法，兴许就是因为我从没捧着任何一种期望去与他交心，而他也恰恰是那种很喜欢顺其自然的人，所以一切反而"不谋而合"。

在他自己专业领域的圈子里，已经是个小有名气的人，尽管如此，他对每个人都很友好礼貌，但绝对不喜欢带着功利心接近他的人。

那段时间，他在给自己放假，我也正在慢慢把自己的方向扳回正轨，我们在网上有一搭没一搭地聊天，很少煲电话粥，一旦有一方突然不回复了，大家也心知肚明：肯定在忙。

他也跟我说过，自己是蛮怪的一个人，很讨厌别人立刻回复他，以及秒回别人，那样会有一种无形的压力在身上——别人知道你其实在手机旁边，不及时回复会显得你做作；别人秒回你，说明他在等你消息，我想了想觉得我们很合拍，说，我也是，我喜欢的人总觉得我很闲，我不喜欢的人总觉得我很忙。

我不知道他到底觉得我忙还是闲，总之那段时间很感激他的陪伴：舒服、很放松、无压力，也不得不感慨陪伴的好处，那会儿我不知不觉耗在"骨灰盒"里的时间骤减，渐渐不需要了。

有时候他突然引用的一句话，别人可能会觉得这人在做作吧，我却知道是出自《悉达多》的；

他也倾诉了一些困扰自己许久的麻烦，我说了自己的见解，说他在无形中给自己"画地为牢"了，他承认听完后有点醍醐灌顶的感觉；

我们也在共同闲暇的时候视频过，那感觉就像面对面地交谈，总之那段时光，就像两个未经污染、最纯净的孩子在对话。

可是不知道为什么，每当我觉得"非常高兴"的时候，我总有一种"好景不长"的感觉。

因为我发现自己开始依赖甚至喜欢他，当他提出见面的时候，我几乎是一口否决了。

现在想想，自己当时的心理大概就是那样了——害怕接近自己喜欢的人。

倒不是说害怕对方看见自己不美好的地方，而是我总觉得，如果真是对的人，晚一点再遇见吧，不然走着走着就容易走散了，特别是在我刚失恋之后，又能重新和新的人相谈甚欢这件事，其实本身内心就是有抵触情绪的，是的，我惊觉于人的感情重启能力太强。

害怕自己失去一切掌控力的感觉。不喜欢。

我甚至把自己代入一种状态：

"撩的都是不喜欢的，喜欢的都会小心翼翼的。"

"反正到头来和谁都要分手，就不要让自己在分开的时候太难过了。"

相较于以后注定要失去一个喜欢的人那种撕裂般的疼痛，不如只和好感其实没那么强烈的人在一起就是了，说自我保护也好，自我遁形也罢，我只想跟我自己喜欢的人，保持一种远观即可的朋友关系。

好像只有这样才能永远。

尽管后来我们见了面，他也告诉了一些共同好友对我的好感，对彼此的感觉还是如网上一般亲切，尽管他依然想和我试试看……

可你知道，"永远"太奢侈了，我怕我们一不小心谁就崴了脚，而另一个人却等不及要赶路了。

于是我为了避免未来难以承受的结束，便率先终止了一切开始。

怎样看待
女性的"大叔控"

　　我还在"早恋"的时候，姐姐才21岁，却坚定自己是个"大叔控"。

　　"同龄的男孩子不好吗？"老大叔"多丑呀！"我疑惑。

　　"同龄人太幼稚了，姐姐喜欢成熟的，三四十岁是男人最好的年纪吧，没有一二十岁的幼稚，也没有秃顶老头的油腻。"她揉揉我的头发，笑着摇摇头说完这些。

　　几年后我高考结束的升学宴上，和姐姐重逢，她再一次跟我说起这件事，那一年她交往了一个35岁的大叔，她给我看照片——一身商务装，样貌平和，一副从头至尾的从容与疲惫交杂的怪异。

　　第一次见面的那天晚上，他约她在一家高级商场见面，"五楼有画展，要去看看吗？"

　　"好啊……"一般刚见面收到对方的邀请，她向来不会拒绝，况且她发现，"大叔"知道她有一颗文艺的心。

　　当时电梯门刚巧开了，隔了有十米左右，他一把拽起她的手就往电梯里跑，这让她始料未及，电梯里两人一深一浅地交错呼吸着，他示意她去按一个五，她脸上挂起久违的娇羞，一个小碎步跳了过去。

"做得不错。"他竟给了她一个本不必要的鼓励。

在书店的咖啡区，她要了一杯酒酿桂花牛奶，牛奶的醇厚配合着淡酒的香甜很是醉人，他被推荐了一杯楚留香，喝到口才发觉这是一杯甜花茶，竟起了个这么销魂的名头，他吐槽了句：

"唉，女人喝的。"

她抿嘴一笑，接道："所以你有过多少个女人？"他便开始佯装认真地数起来，用了句特俗的形容："大概就和今晚的星星那样。"

可她非但不介意，反而越听他讲起自己过去的感情史越是动容，他讲到大学的那个出国抛他而去的恋人，一脸愁容，她的母性开始沦为"始作俑者"。

他接着带她去一家有机餐厅，等位的时候他们默契地发起呆，忽的他向她伸出一只手，说，待会儿吃完饭我可不可以牵着你的手下楼？

她的脸"刷"一下就红到骨髓里，他不由分说地继续："其实你这么摇摆不定也可以拒绝啊，但你忍心拒绝吗？"

她慢慢卸下防备点了点头，牵个手而已，别太小气，他顺势研究起她的掌纹。

"你会看手相？"

"会一点。"

"那你帮我看看，哎呀，你错了是男左女右。"她换了只右手给他，他看了看，接着在她的手背上"小鸡啄米"似的吻了一下。

他懂女人的欲望，懂得调情，她越发喜欢他了。

那天晚上，他们顺其自然地在了一起，他开车载她去了他家里，富有格调的装修、落地窗前的月光照进来，让她卸下了最后的防备。

可美好的事情，到这里就戛然而止了。

他工作忙，几乎是每天都在开会，不方便接电话，只能微信短信这样聊天，有时候她正说到起劲儿，他又扎根到工作中消失了；

她每周只能在周末去他家一次，他总是带她去人均两百以上的餐馆，可她只想两个人赖在家里一整天，自己烧饭洗碗，就差喂马劈柴；

也不是完全没有好的时候啊，比如他们也曾挖出一个空闲的时间在家里看剧吃水果，他挖出了西瓜最中心的那一个圆喂给她吃，这让她幸福得要命，因为网上都说，那一口只给最爱的人吃；

可她转念一想，自己竟从来没听他对她说过"我爱你"，哪怕一句。

她开始细细回想这段感情，里面果然缺了太多元素了：

突如其来的小礼物没有；横冲直撞的情绪化没有，他总是如太平洋一般沉寂；没有任何特别的安排。

想到这里，她终于强逼着他说出那三个字，却收到他一句干瘪的"爱……"和一脸犯难的表情，她终于不可抑制地哭了，后来他们分手。

现在她跟我说了以上这些，不过也是在劝我不要重蹈她的覆辙，其实"大叔控"这种事儿没有什么不好，但却不是每个人都能负担得起的。

毕竟你想一想，自己要拿什么去弥补自己的阅历不足，让他心甘情愿地被你折服？

你能让大叔和你的生理和心理需求保持在同一频率吗？

你想冲到摩天轮制高点的时候，他只想蹲在家里喝杯茶看电影怎么办？

在你身上，是智慧和财力还是强大的少女心，哪一点能驾驭他，让他关注点放一大部分在你身上呢？

　　或许，那段感情里，"大叔"也并没有什么错，他不过是懂得：

　　"不是越成熟越难爱上一个人，而是阅历越多，越发看不清摆在眼前的究竟是不是爱了。"

真心喜欢一个人
是种怎样的体验

哪怕她出轨了，在往后的日子里他都绝口不提这件事，他怕她以为自己还没原谅她。

平安夜。

他本来是要坐一早的飞机从北京到上海，只为把握住最后一根稻草，试图修复这段"声嘶力竭"的爱情。

可就在前一晚，她给他发了一张自己和另一个男孩十指紧握的照片，接着把他拉黑了。

从高三开始，他们俩个是班级里出了名的"黄昏恋"，后来他也讶异：那时候他们每天鬼鬼祟祟的，顶风作案，她怎么就能把他的手握得那么紧呢？

那会儿，尽管压力比桌上堆的资料还重，但十八岁的他，却对未来充满信心。

可就在高考完后的第一天，她就从他的世界消失了。

不知道你们有没有遇到过自己喜欢的人，对你微信不回、电话拒接的情况？他就是。

　　两人之间几乎是断了联系，但由于不乏共同好友的存在，他还是能看得到她过得很好，不是没有想过忘掉她啊？所以他拼了命在暑假做兼职，去各种地方旅游，用尽全力去丰富自己，可尽管让自己那么忙了，在她走后的每一天，他都没有睡过一个好觉。

　　可笑的事还是发生了，在暑假快结束的时候，她跑回来找了他，可是感情里一旦被戳伤过，几乎是愈合不了了，他很难承认自己心里没有些阴影。

　　特别是一直以来，在感情中想来就来想走就走的她，让他开始对自己产生怀疑。

　　他还是决定把这些情绪都藏在心里，想着让一切重新开始，八月底，她在杭州，那会儿G20，杭州进不去，他没机会见她，在家里急得要命，她却突然说想和他去旅游。

　　"想去哪里？"

　　"跟你在一起天涯海角都去。"她回。

　　看起来是那么俗气的一句话，却在一瞬间燃尽了他之前所有的顾虑，灰飞烟灭。

　　可是他忘了，他们的大学，一个在北京，一个在上海，他还是选择傻傻地相信这种所谓的"天涯海角"，虽然讨厌异地恋，但好像没那么可怕了。

　　开学前的最后一周，她邀请他在手机上K歌，他为回归这种互动的关系激动；

　　她说自己睡眠不好，看到可口可乐的睡眠水想试试看，他两分钟后才回复她，是一张待收货截图；

　　她发了一句："你对我好好。"他很开心，可几秒钟后，她撤回了。

　　她常常撤回消息。

　　他不知道她为什么这样，不是没问过她，但她从不解释。

和她在一块儿的时候，他说完晚安后会翻看今天的聊天记录，几乎都是他发的消息，还有她来不及撤回的以及撤回的通知。

"继续像以前一样好吗？"他说。

"好啊。"几秒钟后，她又撤回了。

他不是不可以理解在刚刚和好的时候，她的羞涩、他们关系的暧昧。

然而后来有一次，她发了一句"我好想你"的语音，他第一感觉是她几秒钟后就会撤回的，不过这次她却没有，那天是大学开学的第一天，他在北京，她在上海。

就是那天，20岁的他真的对异地恋充满了信心。

可是两周后军训结束，某个凌晨两三点，她打电话给他说："我刚刚和某个学长睡了。"

他听完之后整个人就炸了，这样的事情怎么可能原谅？那一刻，他只能怔怔地坐在床上一动不动，一句话都说不出来。

他很长一段时间感觉不到自尊，变得很卑微。

他想到《被嫌弃的松子的一生》，觉得自己就是现实里的松子那样，只要能和她在一起，就算她背叛，就算她做的多么过分，可只要能得到她的一点点爱就够了。

现在他坐在我面前说，当时的这种想法真的不可思议，不过在她面前他就被打回原形了："不怪你，是我没有陪你，你没地方发泄欲火。"

其实那个晚上他写了好几份分手信，最后发出去的却是：我不怪你。

他只是想帮她分担而已，他一边心如刀割地爱着，一边说着"凡事都以你为重呀"，另一边和自己较劲儿。·

都说爱别人之前，要先懂得如何爱自己，他不是不懂，依然掏心掏肺地不知道去何从，到最终也没等来她的一句道歉。

很多时候他依旧是说了很多话,她就只有回复一个哦,但她时常会来让他帮她做什么事情——她让他教她高数,他真的不会,她就缠着他,他只好自学高数然后教她,好几个通宵后他的高数学得很厉害了,她就发过来一堆题目,让他帮她做。

他接连好几个星期,天天晚上通宵,帮她做题,直到一次凌晨2点多的时候,他还在做题,却看到她发了一条状态显示在酒吧high,他整个脑袋一下子就蒙了。

他想跟她说:"你可以让那个睡你的学长教你呀,我真的不会。"可他没有,他怕要是这么说的话,她会觉得自己果然还没有原谅她吧。

他伤心了一会儿,又继续看书做题,然后把所有的题目的解析拍下来加语音版的解释发过去,自此她就没再提过那些题了,他不知道自己那么多个晚上到底是在做什么,或许仅仅是为了一个谢谢?还是得到一份对方的承认?

可笑的是,就像道歉一样,连"谢谢"她也从来不说。

那个夜晚,他一个人独自承受这些,失眠了一整夜,想了很多。

他想起她有次说饿了,两分钟后就发了一张外卖下单的截图给她,她说不想吃这个,想吃XX,他又立马去点别的;竟然一顿异地的"远程外卖"最多可以点100多块,而他自己一个星期生活费500;

她说想见他,他就立即买好了票,然后她说有朋友约她出去玩,说不一定有时间陪他,可是他们明明那么需要见一面,好好谈一谈修补修补关系了。

其实,单方面的努力,是修不好任何漏洞的,明明这一切都看起来在走向分手,可他还是保留一线希望在努力拖着。

后来他依旧给她买不少东西,口红、衣服、围巾、水果,甚至防身用具，只是大一学生的他，给她买东西花的钱都是通过自己兼职挣来的。

可她就好像是个没有心的人。

依旧是"帮我做下卷子""我饿了要吃ＸＸ""这件衣服好看吗"，他的回复一律是"马上做""下单截图""待收货截图"……

就这样，他像管理她生活起居的骑士，却依然得不到她一点点的爱和认同。

双十一，他早起去某商场抢来了打折机票，说想陪她过平安夜，她答应了，就在他刚刚内心有点欢呼雀跃之时，她突然告诉他，她晚上和那个学长约了去酒吧。

他当场把手机砸到墙角，感情里最怕的就是拖着，他却一而再、再而三拖了这么久。

一个月后的12月23日，她给他发了一张图片，里面是一只她的手和另外一个男孩的手比着爱心，她把他彻底拉黑了。

你问我真心喜欢一个人是一种怎样的体验吗？

是翻山越岭，是一心一意，是一封封没有寄出的信，是长长久久的偷偷注视，是到了黄河依旧不死心，是模仿她喜欢的任何样子，是眼泪湿了自己的眼睛却舍不得淋湿她的心。

可他直到最后才明白：

喜欢是在做乘法，一方为零便为零，所以即便他这么反噬了自己，依然得不到她给的爱情。

有种感情：
友达以上，恋人未满

1.

"你赶紧走吧，等会儿还要陪女朋友吃饭嘛不是？"

那天他没有等我把饭吃完，眼里却已经满是要走的意思。

恰恰我这人没什么大优点，除了特别会察言观色，看得出他那份迫切，我边说边把他往门外推。

所谓友达以上，恋人未满，即两个人都陷在一种安全范围里，你们看似可以在这个安全范围里自由移动，但彼此都清楚得明白——情不大于法，不能越界啊。

这条路是我们自己选的，我们当初就说好了，其中一人找到另一半，彼此就少联系以免造成不必要的困扰。

其实我性格倔强又任性，他却有一点最好，不声不响陪着你，而陪伴，本身就是一种很厉害的技能了。

"我又写不出来东西了，好想死啊……"

"那就滚去睡觉，不过也随便你，只要不死，老子陪着你就是了。"

寒假凌晨两点我想都没想就发消息过去，因为我笃定，他没跟我说晚安之前，一定还没睡。

2.

我们大一就认识了，第一次见面时彼此却没有说过任何话，后来再不小心提起那次在KTV，他才"幡然醒悟"，那个穿粉色连帽卫衣的齐刘海是我。

那是灯光略显鬼魅的包厢，我俩隔着一个人。

我喜欢Jay，不管不顾就把他所有的慢歌都置顶，结果他穿戴一身黑色，把我那首《黑色幽默》给抢先唱了，我开始对这个人好奇。

我用手撑着下巴，对着屏幕愣神，一晃发现已经接连唱了好久杰伦的歌了，真的每首都特别入心。

"我不想拆穿你。"歌词里有这句，就好像在为我们的相识埋下伏笔。

后来他不时地对我说："被我看穿了吧！摩羯座。"我笑而不语，为我们之间那种温润如山涧清泉的感情不语，为我们彼此的心照不宣不语。

我们正式认识，是在大一上学期快结束的一个饭桌上，我和他各自坐在圆桌的某条直径两端上，而谋划这场"诡异见面"的人是大三的常务副主席，这桌五个人我认识四个，还有就是他。

我叫他整容。

等菜中，大三元老开始讲述此局的初衷："你们四个是我经两个月的观察里最有潜质的。"

他抛下这句话时，我已经严肃地放下了手里把玩的筷子，眼里散发出"交配"的光芒。

哦不，是遇见伯乐的光。

可没等我感激涕零这大恩大德……他对着我补充道："哦，你是我考虑很久勉强带来的。"我朝他翻白眼。

就是那顿饭的契机，让我们五个成立了一个"渣渣小分队"，而我和整容，很快就成了五个人中最特别的关系之一。

我们一直把持在安全范围里，交谈甚欢，兵戎相见。

他每天喊着要找个女朋友，我则是需要人陪，出发点看似不谋而合，实则殊途同归。

我们在学校的樱花大道上迂迂回回了一个又一个傍晚；

约定了一次又一次究竟是在食堂还是去后街吃饭；

他请我看电影我嫌他品位够差，我帮他去图书馆占错位置他说我傻兮兮。

……

很快圣诞元旦将至，学生会在25号那天开了"双旦晚会"，晚会后"渣渣小分队"一起去吃烧烤，烤肉味笼罩着我们的每一根肋骨，以至于谁也分不清到底是在吃油腻还是友情。

距离十二点的门禁仅一刻钟，我们火速打包回宿舍，然而路过教学楼和逸夫楼之间的鹅卵石路时，灯光骤然熄灭，黑夜用它独有的香气蛊惑了我们的脚步，空气都学会安静。

每个人心底的小恶魔都通过器官血管传到喉咙。

记不清是谁先提议去包夜，兴许是鹅卵石真的把我们硌得生疼的缘故，总之几只对不上号的眼睛流转几圈，大学第一次夜不归宿正式来袭。

到了地儿，整容第一个去点歌，是我最爱的《浪漫手机》，而我第一时间摊开泡沫饭盒继续吃烧烤。

如果说烧烤是生而为人的第二福利，那么听着整容唱歌吃烧烤，就是第一。

后来每当我不开心，他都会唱歌给我听，这里的意思是：我不开心的时候，他都在陪着我。那天凌晨四点的时候，播放机被调成了"原唱"在自己唱，有人选择蜷缩而卧，有人醒着做梦。

"我们聊天吧？"我发给他。

"聊吧。"

"又是这个梗，真无聊，天快亮了，晚安。"

"晚安。"

我和他的头靠在一起闭上眼，很快就六点了，我们五个被强行赶出KTV。

而我真正意义上感受到2014年冬的凌冽，就是在那个早晨，通宵后的头痛欲裂，满眼充血。

而我和他，在这段微妙的感情里时进时退，囚禁在彼此的安全范围内，像极了悟空给唐僧接踵而至画的金灿灿的圆。

不同的是：唐僧终究耐不住性，踏出了圈去救小妖精，我和整容却一直做个乖乖驻扎防线的士兵，纵使发丝过耳，依然无恙安然。

没几天就要跨年了，我们五个在2014年12月31日的下午就开好两间房，通宵！

元老去买肉下酒，我们对着电视可劲儿换台，这年的最后老天都不忘记制冷，我指使整容开空调，他乖得很，二话不回就打开了。

我看着机器猫，看得前仰后合，直到电视机显示加载中，我才觉有些不对……整容一个守着空调下方纹丝不动，而房间内，越来越冷了。

我隔空从一张床跳到对面的床，夺走他攥着的遥控器，我去，这孩子他竟然开了冷气！一个海南人在零下的天气还说自己热到不行，他还只穿了一件短袖，尽管他向我妥协，可后来还是三番五次地对着空调"捣鬼"。

元老一回来，我们谁也不管空调的事儿了，狼吞虎咽，看晚会。

我们玩真心话大冒险，我这种智商必然是要输的，可整容就陪我一起躺枪，而元老手机里的大冒险可以说是，极度"无聊加恶心"。

他先前是要求我吃鼻屎，我努力地挖了挖鼻孔，很可惜，两指空空，笑嘻嘻地伸直手臂给他们看。

结局是，换成我和整容十指紧扣十五秒。

不得不说我是心有余悸的，迟迟未出手，把半个头埋进围巾里，可当我从他的眼睛里看到完整的我自己的时候，我们已经顺其自然地十指相扣了。

我赶紧逃避，撇开脸对着电视机，确乎是在比较着，到底是我的脸大还是屏大，这时屏幕里走出了方大同，是那首《Wonderful Tonight》。

I feel wonderful because I see the love light in your eyes.

还差几秒就零点了，我们倒数着，五个人同时拿起手机发送"说说"，一人一个字，凑了一句话：永远在一起。

当我说我要"一"，他说那我要"起"。

2.

到了大一下学期，我们打着减肥的幌子，每天饭后去轧操场。

老操场的草疯长，日子也如相约一同枯萎的花草，稳步消磨、而后健忘。

天气也逐渐变暖，轧操场时，整容总是在操场的出口处喊着："好！饱！啊！"在逆时针三分之一处吼两次："好！烦！啊！"到顺时针三分之一坐标立马改口："卧槽！好多美女好多大白腿喔……"

每到这里，我都会用眼睛狠狠地瞪他一番，然后开始好奇——大晚上的，他到底如何分得清那腿是白是黄还是黑的？

　　"一件事，一旦你投入的时间多了就一定能和别人不一样。"他告诉我这些的时候，眼神熠熠生辉。

　　于是我们每天绕了八圈操场，就会产生九个好饱啊，十六个好烦啊，以及无数个大白腿和美女。

　　他总说忙。

　　忙着翘课，忙着打副本、打瞌睡，忙着给妹子评判SABCD级，哦，对了，他还忙着每晚给我说一个自己的故事。

　　"嗯，我又要开始讲我所剩无几的故事了……"他在故事开头的说辞总是这样，拧巴、别扭、好笑。

　　他说得更多一句话是："我怕哪天，就突然没话题了。"

　　我也顿了顿，在心里默念："但我还有好多好故事可以说，怕个鬼。"

　　那学期，我们绕操场的圈数总和，多到堪比学校上个世纪最初那批水杉的年轮，而他的色胆包天也逐渐升级打怪。

　　从无意中戳一下我的脸颊起，递增到肆意地揉乱我软趴趴的头发，偶尔再嘲笑一下我与生俱来的双下巴，一切就这样慢慢消逝，可是有天晚上他突然大发神经问我：

　　"你可知道男生揉女生头发，代表喜欢？"

　　3.

　　就是那一次，我们接连好几天没有轧操场、约图书馆、争论吃饭的地点，三天后，在宿舍熄灯的前一秒，我又收到他发来的消息。

　　"我今天去了新操场，我在想，为什么我总是要去老操场，为什么我明明要找女朋友，却每天是和你若即若离地闲逛。"

"我并不觉得，坐在玄武湖的长凳上，看月光沐浴下的湖面泛起涟漪，手搭在你的左肩，只有嘴唇抖动却强忍着不吻上去，是种良好的考验。"

他发了一长串，我仔细地想了想，说，对不起，这份感情我很珍惜，但我很明确地知道它不能再更进一步了，因为我知道自己不足够爱你，我就不能随随便便，随随便便地去和一个人在一起，我是需要陪伴，但我没有办法和你恋爱，不如你趁早去找个女朋友吧。

是的，我们又开始闹那个无止境的话题：安全范围。

但这个问题本身是没有标准答案的，我们都明晰结局不会开出花来，而倘若选择勉强恋爱，也不过是消磨这段生来棱角分明的相遇罢了。

从那以后，我们没有刻意疏远，只是彼此明白了，不能成就的感情，也请不要靠得太近，知道彼此有那份心，需要帮忙的时候伸一只手足矣足矣。

后来他在大二确实有了女朋友，这一年里，我看到他们的甜蜜，真心替他们高兴。

前不久，我因为在外实习，班级的同学都不在学校里，我想了想还是麻烦他替我收一下快递，待我回去后，找他拿东西请他吃饭，他很快就出来了。

而那天，我们面对面诉说着彼此的近况，彼此都感到舒爽不已，过了一个小时，他掏出手机看了一条短信后，我就感觉到他眉眼里的变化。

"是有什么急事吗？"我问。

"嗯……其实也没什么，就是女朋友约我晚上去吃饭。"

"那你赶紧去呀，时间也不早了，快去快去吧，这里我能搞定。"我边说边把他往门外推，他说了句谢谢。

"也谢谢你。"我心里默念着四个字，他没有听见。

　　谢谢遇见，也谢谢那段差点模糊了友情和爱情的时光，更谢谢你和我自己，原来所有的小别离，不过是为了给真爱让个路。

为什么很多女生
喜欢找有钱的男友

1.

那天你们玩得太晚，地铁没了，他对你使了个眼色：

"有打车的那个钱，不如在附近的小旅馆开个房？"你咬咬牙，应了。

一进门就是刺鼻的气味儿，你没好意思用手捂住鼻子，但努力屏住呼吸的你，却乎快要窒息了……

犹如硬纸板的隔层、假装存在的满是污垢的水杯、上了年纪的插座、隔壁传来的半夜哀怨……就是这家小旅馆的状况了。

接着是一张满是消毒水味的床，承载着你和他草草"寻欢"后，各自转过身背对背的同床异梦。

其实你不是拒绝和男友交合，而那一刻，你只是发觉自己真的太疲倦了，想回家好好睡一觉就是好的。

后来你睁着眼挨到天亮，疾驰的地铁玻璃上映射出你的黑眼圈，你好像突然有一刻不记得自己到底在做什么。

2.

你们平时吃惯了路边，他似乎也有愧，牵着你走进一家大商场，昂着头说："今天想吃什么我全包了！"

你们在五层的美食区来回转了一圈，你不小心瞥到他看到菜单时，面露难色的神情。

"嗨呀，这里都要等位，负一层那家章鱼烧就很不错，我们吃完还能顺便吃点冰淇淋，走吧走吧！"你体恤地说。

"嗯，可以啊。"可他全然没发现你的小心翼翼，以为你只是喜欢吃章鱼烧而已。

吃章鱼烧的时候你很渴，想再多点一杯不一样的饮料，可你害怕他会面露难色，害怕自己突然就质疑了他对你的爱。

你为了他的小自尊，说好了今天自己不能花一分钱，你是真的不敢多点一杯。

这里不提供白水，于是你一路忍着少说话，冲进家门的那一刻拼命喝水。

后来，你发现他经常带你吃章鱼烧，只是章鱼烧。

和他在一起，你开始喜欢吃自助，因为那样避免了AA的尴尬，能自己付钱。

3.

你知道他有时候为了游戏和人情，弄得自己吃饭都吃不起，可他这时送你一张十几块钱的你爱豆的周边，你就暖到不行，拼命想着法子还。

你给他叫外卖，花了一个小时，因为你知道他的咽喉炎和口腔溃疡，不能吃辣和凉食。

4.

自从你有他的地址，他就频频收到你一点一点塞进去的"心脏"。

可他还说："以后别寄啦，上次你给我买的冰袖都没用上。"其实你不过是想用这种方式告诉他，爱一个人就会不断想到为他付出啊，我也不是想要你给我花多少钱，但你至少得让我能看到你有一颗为我花钱的心。

而不是，我总是担心自己钱掏的不及时。

找男朋友的初衷，还不是为了让自己更丰富吗？至少不能过得比现状惨烈吧？

如果钱能抵抗掉一些生活中的"提心吊胆"；如果和谁恋爱最后都是一副鬼样子；那我情愿选一个让不用顾虑多点一杯饮料这种鸡毛蒜皮之事的人。

毕竟，找不到的话，我明明自己可以过得还不错，不是吗？

为什么喜欢上一个人后
会变得很低姿态

因为你喜欢的人，心智极度不成熟。

他所给你的，只是刚刚好够拴住你的心，在往后日子里，"坐享其成"着你那低姿态的喜欢。

他啊，既不爱你，也不放过你。

后来他迅速抽身，你却接连两三年都在行尸走肉、苟且偷生。

可我们到底是为什么一定要喜欢不在乎我们的人呢？

我虽然口渴，但不是什么水都喝。

这让我想起小枫，她前几天给我发私信。

说她去年4月打游戏认识了一个男生，游戏是"球球大作战"，他冲榜，她就定闹钟，早晨6点帮他接号，他打单子，她就给他蹭球，期间暧昧不断。

游戏我并不玩，但从她的描述我只感觉到：她的喜欢让她很苦。

果然，男生以"不网恋"的理由拒绝了她，奇怪的是，就在小枫已经做好了放弃的准备时，这个男生开始每天给她发消息，甚至在小枫出去玩的时候，就一直打电话给她。

没错，恰恰是在她要放弃的时候，他又对她笑了。

那一笑，使得男生提出"你发裸照，我就跟你在一起"这种无理要求的时候，小枫竟然纠结了几天，还是答应了……用"卑微地一发不可收拾"来形容这段感情，再贴切不过。

——她给他寄了两次零食，还有眼镜，他不知道，小枫是靠天天打单子赚的钱，真的是廉价劳动力，因为一小时才15元。

结果换来的，是她看到他玩"王者荣耀"和别人换了情侣头像。

——因为这次吵架，他们一整个月没联系。

那个月小枫每天也不知道自己在干嘛，就看他网易云最近听了什么歌，看他游戏比赛记录，跟他同学说能不能让他回她消息。

——她买好车票，到了他的城市。

他闭门不见，说自己出不去，于是这段感情，小枫怎么得到就怎么失去。

你可能会觉得，小枫这个面临考研的女孩子，怎么还可以这么傻？可遇到自以为的爱情时，又有几个人能精明？

"你就委屈一下栽在我手里不行吗。"其实答案一开始就是不行，但那个人迟迟不说。

的确，提分手的是你，彻夜难眠的也是你。

但你真的别再不识时务了，在被甩之前赶紧变心吧，哪怕是假装的。

所以长大后，我更喜欢和心智成熟的人在一起，倒并不是盼着他能否在事业上拉我一把，也不是渴求，他能将我的平凡搞出什么颠覆性的新花样……

因为我想要的生活，我可以靠自己慢慢争取，而在感情里，我只想它纯粹且牢靠——大概也算见过了几次"下落不明"的喜欢。

所以我希望我喜欢的那个人：

· 不会跟我莫名其妙地分手；

· 不会随随便便消失；

· 不会不喜欢你还故意吊着你；

· 更不会冲垮了，我寄存在他身上的、最微小却最敏感，最随性又最不可或缺的安定感。

相爱时就一腔孤勇，不爱了也别再勉强迁就。

这个年纪的人，都该明白语言的苍白，有诚意就拿出行动。

哪怕你因为太喜欢他一时冲动，稀里糊涂地"示了好"，只要他足够成熟，定会在短期内给你一个可靠的答案。

人家如果真喜欢你，会这样忽远忽近的吗？他舍得让你去怀疑这份喜欢的重量吗？

有些事情，道理你都懂，就赶紧拿开那双堵住耳朵的手吧，这一点都不酷。

以前听说：

"一生中总有人是用来成长的，最后那个人才是用来陪伴的。"我多希望他们是同一个人啊。

但直到后来我才明白——能陪你到最后的那个，一定不忍心看你再像现在这样，每走一步，脚里都灌了铅一般"费力成长"了。

我会变得更好，是因为你，但不再是为了你。

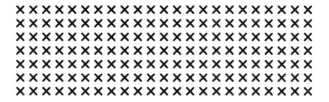

CHAPTER

04

恋爱时，才发现
单身留下的那些后遗症

——这世界上，唯一能永恒的就是恋爱中女人的幻想。

异地恋的什么瞬间
让你真的失望了

那个隔着屏幕每天说想我的人，从来不来见我。

可感情说到底，"满屏情话，不如一见。"

说再多想你，看不到你有什么用？

说再多爱你，没有行动有什么用？

他连续失联了八天，回来的第二天才说了句：

"我想你了。"

"终于想起来想我了啊？"

我承认我是没好气地说了这句话，他接着说，"之前也想的"，我问他：然后呢？

没有了。

"不好意思，那我感应不到。"他也没再回我了。

我希望你要么就酷一点，别想我；要么你直接来找我，等什么呢？

我们异国。

前不久他带公司的人一起在本地"深度游"，去的是那种无网地带，手机只显示E的地方。

其实我们还刚在一起没多久，正值热恋期。

而这些天里，我等他的方式是——给他写便签，记录我的心事。

这八天里，我在每天不同的时间段发几条信息，前后写了快一万字。

无一例外的，没有任何回应。

说实话，这几天里我也忙成狗了，可总有闲下来喘口气的时刻吧？而他总有办法钻进我的时间缝隙里，控制我的大脑。

就这样到第八天的时候，我已经什么都不想说了。

毕竟，完全得不到回应的等待，让我看起来活脱脱像个无所事事的傻缺。

可为了让微信聊天记录的日期图标不是灰色的，我在傍晚7点，抱着近乎无所谓的态度发了句："发这条，是为了不断更。"

然后我就出门了，在车上的时候我无心地刷着微博，看到热搜上有他所在国家的信息，我出于本能地保存到了"收藏夹"，我一条一条翻看着……想着……

"什么时候能把签证办下来，我去找他吧！"

就在这时候，微信提醒有新的消息，我想着，肯定不可能是他了吧？

他不知道这些天里，我一次又一次捧着空心的甜筒，期待他能装满冰淇淋递回给我，最终却是满载而归的失落。

结果……"不要瞎想，我回来了。"他说。

我下意识地看了下时间是国内8:30，当看到他的头像出现在聊天列表最上面的时候，我在车上立刻就泪目了……

"你不要哭阿，我抱不到你。"

事实上——在他离开的那段时间，我把他的微信置顶取消了，因为我不希望，在我和别人聊天的时候，一直盯着那个最后一条永远是我的对话框。

以前我也不懂，原来"想念"的程度之深，可以让一个人反胃到想吐。

"我本来打算今晚早睡的，我就应该早一点打算早睡，你就早一点回来了。"我戏谑道。

"那早点睡吧。我中午回来睡了一觉吃点饭就米健身了。"

所以，其实你中午就回来了，晚上了才找我？"我太累了，到家就睡着了。"他说。

就是那一刻，我什么都不想再多说了。

是。我明白，你在外面出差一周确实很累，那我为你一天天失眠我就好过吗？

但最基本的，你回来至少先告诉我一声吧？然后我也能理解，不会不让你睡啊，那么现在我这干等着算什么呢？

我想问，当你开手机一次性收到那么多消息，真的一点感觉都没有吗？

我脑海里突然只冒出来一句话：

"这个时代人人都离不开手机的，真想回你消息早回了。"

不好意思，我悟性真不高，你一个星期不理我，明明在却玩消失，我还以为是你得绝症不想拖累我呢。

明明还是很爱啊，怎么就不能继续在一起呢？

记得我们一开始经常视频，两个人的生活处于同一频率。

每天都打电话打到早上才睡，下午才起。

他的时间比我们这边要晚两个小时，而他的工作基本上都要在半夜3点才下班。

白天我们各自忙碌，每天都要等到夜深人静才能好好说上几句话。

刚在一起的时候，他在电话里跟我说："未来能在一起多久我不能承诺你，承诺了你也不信。但是我可以保证以后你要是遇到难过的事情，或者过不去的坎儿，我会尽快飞到你身边。"

我当时听完后，在手机这端哭得稀里哗啦。

就是那一天，我们直到国内早上五点都不愿意挂电话，他在电话里跟我说："我们能不能不挂电话？"

我能感受到那一刻，我们的心表面虽然隔着屏幕和几千几万公里，但却贴在一起的。

于是从那天开始，我们经常手机插着电，开着Wi-Fi，不挂电话，听着彼此的呼吸一起睡觉，谁先醒了之后再挂断。

最长的一次，持续了657.23分钟。

我们是真的好过。

原来异地啊——就是我和别人看着哭笑不得的电影、和别人吃着你曾给我推荐的菜、是我精心画的妆容咧开嘴的样子映射到别人的眼眸里。

真的不懂，到底得是有多爱你，才会跟你谈异地恋啊？

而真正让我绝望的是：我们并不知何时才能结束异地恋。

说实在的，我很讨厌互道晚安后，我在床上翻来覆去滚了很久也睡不着的感觉；

我讨厌明明一个拥抱就能解决的问题，我却要对着冷冰冰的手机和电脑解释很久很久，解释到近乎榨干了自己；

我讨厌我们死死巴着那点仅有的共同回忆不放；

当你说你的境况我却一无所知，当我说我学校旁边新开的那间店，可一想到你连我的学校都没来过……

可尽管如此，我依然希望，无论我碰见的这段爱是怎样，都能对得起自己。

我要奋不顾身地爱一次，哪怕跌到满身都是血，骨头都碎了，都没关系。因为这样才能置之死地而后生。

所以你看，还是要爱啊，天长地久朝生暮死的，谁怕谁啊？

只能信任，只有信任。

恋人之间的
最好状态是怎样的

1.

不低估对方的心意，不高估自己的行动。

可往往感情崩裂，都错在你，低估了我想和你在一起的决心。

《爱情故事》里有个观点："爱就是永远不必说抱歉。"

我不否认，但它没有说，有了爱我们便可万事无忧，两不相欠。

一段关系能维持多久，质量多高，全看两人维护对方的决心是否在一个水平线上。

我有个好朋友，他就有一段很可惜的过往。

他自始至终都对那份感情很上心，却被缘由种种羁绊，只能换回伤心。

三年前的冬天，他只身一人去北京，浑身上下只有100块钱，动车高铁还是卧铺？想都别想，没有纠结的余地，选了最便宜的一趟车，60块，在半夜发车，到了北京停下来还是半夜，能怎么办呢？

在公厕过夜。

你有没有为了一个人，赶最早的车只为第一时间出现在他面前，却碍于经济困难，苦等一夜的经历？

其实那时候他还在念大二，交了一个大他八岁的女友，女友那时已经工作，却总埋怨他不陪她，后来她离开的时候，他还贱兮兮地说：

"那什么，以后我不能照顾你了，反正现在的我也的确照顾不了你，你虽然工作了，但为人处世还常犯糊涂，我就想啊……你赶紧找个好男人，让你下次再犯糊涂后不慌，有个底气。"

听到他说这句话的时候，我整个人都僵住了，他到底爱了多深，才能眼睁睁看着自己爱的人走向与自己背道而驰的路，还舍得把她拱手让人？

也许那个女生永远都不会知道——很多次，那个觍着笑脸去跟朋友借20块路费去跟她见面的男孩，是下了多大的决心才和她在一块儿。

对不起，我知道这世界上很多时候没有"两全"这回事，所以我没法让你的幸福全赌在一个不确定的因素上。

对不起，我还需要时间，去挣钱换你心安的生活，去追回我们之间相隔的八个春秋。

可是真的对不起，"时间"这个坏老头，是我没办法努力的东西。

你说我老不陪你，这是事实，我没法儿辩解，可是亲爱的，我有点失望，因为你真的低估了我和你在一起之前，曾自己一个人用了多少小心翼翼，去默默许下了这份决心。

2.

昨天，有个女生在后台给我留言。

她说毕业后，孤身一人来到一个陌生的城市工作，认识了同在一个单位的他，两年前他果断辞职在家研究学问，他们在一起两年零7个月，中间吵过几次，每次他都说女生太任性了，要求得太多了，每次也以女孩子的道歉结束。

"我很爱他，为了他我什么都敢做，只是因为在我最需要的时候他曾陪着我。"女生的话既委屈又难过。

就是这样一腔孤勇却又夹杂怯懦的话语，我想到《被嫌弃的松子的一生》，松子说："我呀，只要和这个人扯上关系，地狱也好什么地方都好，我都跟着他，这个人就是我的幸福。"

你说松子和这个女生在这段感情里都有个"卑微"的共同点，倒不如说，人家只是早已先于你明白自己要的是什么，定好了的心就不轻易更改。

但这样得过且过坚持了两年，女生觉得有些话不说不行了，没料想男生说自己还没玩够，这才坦白——说她不是他想要的类型，他想找个有钱有背景的，而女生呢？她在这个陌生的城市偏偏满足不了他这些啊。

你明知道那些我还没有，你偏要。

你不知道我有多想快点愿意为你争取到那些，所以你离开了。

女生知道他家境不好，还为了双方以后做过打算，想过回家里那边发展，想过自己买房子，想过帮他谋一份好的工作……

可男孩子一句话就决绝地毁了女生的这份心意："我觉得这样以后的日子会很苦，要还房贷不自由，分手吧。"

有时候就是这样，弄巧成拙，你不知道你说出那份决心会造成怎样的后果，会不会尴尬地一笑而过？还是自此老死不相往来？倘若某天，他好奇打开那颗心看一看，会发现它比must的成分还肯定。

有一种感情，就是你跨了九百九十九，他一步也不想动，你和他在一起的决心在他面前分文不值，还扔给狗吃。

你不懂我为你下过的决心有多坚定，你没试着去看我脑海里勾画我们的蓝图有多"细水流长"。

所以我们的关系，远在咫尺，覆水难收。

3.

后来我终于知道，它并不是我的花，我只是恰好遇到了它的盛放，有些决心除了在自己的身体里生长出再安静代谢掉以外，百无一用。

其实，在爱情的开端，谁不想把自己的爱打磨得像海浪拍打暗礁一般，持久稳定、源源不断、越爱越汹呢？

但事与愿违那么多，那份决心也就自然而然被放逐、石沉大海了。

都说千金难买浪子回头，我不是浪子，但那份决心你当时不要，我可就彻底收回了。

现在我只想告诉你：下次转身之前，请先测量一下我想和你在一起下过的决心有多深。

我明白爱情是奢侈品，很多人终其一生拥有的不过是一段段关系。

而恋人之间最好的关系——无非是你懂我为你受过的苦，我懂你能为我付出到什么地步，我们互相点头，从远方送出各自的那份肯定，再埋下头风雨兼程。

所以，下次要和我产生关系前，请你一定记得：

好好评估我答应和你在一起的决心，毕竟我的心也没那么便宜。

恋爱关系中
最可笑最心酸的事是什么

记得和男朋友恋爱之初，他最常挂在嘴边的一句话是——不能一开始就对你太好。

他说，否则她以后一定会不懂得珍惜，然后变得得寸进尺、斤斤计较，对此我不置可否，带着疑惑和他继续在一起，果然我们很快就分手了，原因也很奇葩：

我不能让你习惯我，因为我是一个随时可能消失的人。

"随时可能消失的人？"听完我立马把他所有联系方式拉黑了。

到底是不合适啊，所以可遇不可留。

我想起自己曾眼睁睁望着他一次、两次、又一次、再一次地用"玩笑"的口吻插进我的心脏，试探我的底线，我受不了了。

毕竟，戳心的玩笑，从来都不是玩笑啊。

如果你的玩笑让别人痛心，就应该去道歉，而不是嘲笑别人太敏感，而他说那番话的时候，我恰巧刚和一个好朋友吵架，吵很凶的那种，本身已经心痛如绞，没料想他却说了这么一番话。

他甚至还问我，最近怎么变得这么依赖他了？

你以前不是这样的，我两三天不找你，你都不会回我一句的。你现在好奇怪哦。

听到这里，我整个人一下子就炸了。

突然觉得之前的自己很心酸可笑，有一句话不是说吗？明明是你先撩我的，最后舍不得的偏偏是我。

记得他刚追我那会儿，我还没同意呢，他不论是跟我线上聊天还是打电话，都自称是我男朋友。

"我不是你女朋友，不要乱讲。"我说。

他就好像完全没听见似的，说不急，马上就是了。但尽管如此，我也没当回事，因为我以为自己不会喜欢他的。

后来他每天都给我打电话，有时候我在忙就直接挂断他也不会生气；

他依然每天晚上问我："小可爱，到家了吗？"而我才发现自己慢慢开始乐意回复他了；

直到有一次，我因为自己做了一个很叛逆的决定遭到家里人反对，他第一个站出来替我挡刀——他把我带出去吃饭、打电动、在我的心情终于缓过来趋于平静的时候，再给我讲一些让人乐于接受的"大道理"。

这时候，我对他的感情开始变了，原来无形中已经把自己的心寄托于他。

很快，我答应了和他在一起，随之而来的，是我们之间身份的大逆转，我开始每天主动给他发消息，他却变得很忙。

"刚刚睡醒"

"上午做了个文件，才忙完看手机"

"嗯，你早点休息，我洗漱完也睡了"

一开始我还以为是因为自己喜欢上了他，所以心态转变是难免的事，是我自己想太多，可久而久之，我发现这种情况不再是他的无心之失，他是故意的。

我问他到底为什么这么对我，他却解释说：

因为我以前对前女友太好了，一开始就想倾尽所有去爱她，可她不知道珍惜。

我被他说得扎心了，说得我开始理解他这种行为背后的原因，甚至说得我开始纵容他。

他请我吃一顿饭，我必定会在打车和别的方面抢着付钱；

他给我一尺的奠基石，我必给他造一丈的墓志铭。

可我没想到，最后我只是把自己感动了。

大概有些人就是这样，先是毫无征兆地说爱你，然后又悄无声息地离开，所以，以后别轻易就认为谁该是你的世界，也别轻易就付出所有了。

这世界注定有些人是视感情如粪土，享受当即的乐趣即可，但像我们这种对感情一不小心就认真的人呐，还是老老实实地等另一个相同的人。

但尽管如此，每一次不论谁先提出离开，我都觉得自己是赢了的。

尽管不想走的人是我，默默哭的人是我，抑郁寡欢的人是我，但我信，曾经尽心尽力做的那些事，会让你觉得：

被我喜欢过，很难觉得别人有那么喜欢你。

那就是赢了。

身边有个"绿茶"，
是一种怎样的体验

她陪你聊几次天，你就喜欢上她了。

其实你一开始真没这么想过，可她最初总是源源不断给你传输一种——她很喜欢你的"错觉"，你上钩了，她也很自然地脱身了。

以上我是替我的一个男读者说的。

先说几个他被"绿茶"害惨的片段：

"我知道她属狗的，快到她生日了，但是我等不到她生日了，我决定放弃了，但我已经用一个月的工资给她买了条项链，我想礼物买就买了，提前送给她吧，她愿意要就要，不愿意就算了，我给她的时候，她反复拒绝，我以为她真的不想要我的东西了，就在我放弃，要走了的时候……

她又叫住了我，收下了我的礼物。"

结果这姑娘收了人家一个月工资买的礼物，只是抱了他一下，回去后跟他说：

"抱歉哦，我不能和你在一起，因为我闺蜜叫我，算了吧，他们觉得这样会更伤害你，所以我决定听她的。

还有我从来不给别人抱的，你是第一个。"

听到这里我都听不下去了，这位姑娘，你的脑子是长在你闺蜜脖子上吗？

整件故事的起因是这样的……

他们是一个单位的，本来他对小绿（化名）并没有类似一见钟情的感觉，她也算不上很漂亮，他性格内向，她外向、看着单纯，她几乎和单位里的男生打成一片，偶尔也会主动找他讲话，几次下来，他开始觉得她说话的方式很可爱。

真正转变在于有一次，部长请吃饭结束后，小绿单独和他一路回单位安排的宿舍，他当时内心活动是很多的……因为从来没有一个女孩子这么主动地打开话题和他聊天。

他一边讶异着，一边很开心，觉得她也多少有点喜欢他。

回到宿舍后，小绿还继续主动在QQ上找他聊天。

"你怎么都半小时了还没回我？"她有点不耐烦了。

"啊，不好意思，刚洗完澡没看到。"他赶紧擦干净手上的水回复。

"没事没事，我以为你不想理我了呢，你记得洗完澡把头发擦干，不然容易感冒，对身体不好。"

"怎么会？好，那我等会儿再找你。"他赶忙回复，然后边擦头发，一边心里的小鹿疯狂地乱撞着。

后来的几个晚上，他们每天都会聊一会儿，他感觉这样很好，但每到12点她都说要睡了，他夸她有早睡的习惯很好。

结果不久后的一晚都快1点了，和他同宿舍又同单位的阳哥，突然从床上坐起来喊了一句："我要和小绿表白！"

当时全宿舍都没睡，阳哥兴冲冲地拿起手机聊天记录给他看。

隔着蚊帐，却清晰可见他们"你一来我一往"的暧昧字眼，她还总是把自己家里的事抖出来，生怕别人不知道。

他想起，自己和小绿聊天时她每次到12点就睡的事，而阳哥却几次三番给他看，她和他1点还在聊的内容…

他气了一整晚。

很快，整个宿舍都在撮合阳哥跟她的事，但并没有人知道他也喜欢她，他每天白天上班本身就很累，晚上回宿舍阳哥总是在和她聊天，弄出很大动静，他还得在一旁看着假装高兴。

一向不知道跟女孩子，尤其是对喜欢的女生说什么的他，实在很费解阳哥和她到底哪来那么多的话？女孩终于感觉到他不高兴了，主动跑过来找他聊天，看他老实人又好，替自己之前的行为打马虎眼说：

"你能不能帮我个忙？我白天惹到阳哥了，我只是把他当普通同事开玩笑，没想到他真生气了。"

他赶忙答好。他以为这样，就代表他俩不会再像以前那样彻夜暧昧地聊天了。

他算好了她的生日，花了一个月的工资买了项链，在那之前的一周，他向她在网上表白，结果她并没有回复他。

之后的几天，她开始在单位见了他就躲着，他以为吓到她了；

她过了好久才回信息，但只是聊聊天，没有正面回答他的问题；

结果有天阳哥把手机递给他，他看见自己表白的截图被她放出来给他室友看。

他跑去问她，为什么啊？

她说："我是怕你伤心，所以问问别人你的情况。"

听到这里我忍不住了，这女生担心人的方式有够特别的。

后来，她在生日会被阳哥偷亲，他问她怎么回事，她居然说："自己并不知道，如果阳哥他们不说的话我也不知道，我能怎么办呢？只能告诉他下不为例，做好防范措施。"

她还跟他说——1. 自己不会和喜欢的人在一起。

2. 你要有房，拿出来50万才能和我在一起。

3. 也许我会和阳哥在一起，但只是谈着先试试，谈的过程中不合适还是不行。

当他终于要放弃她了，却发生了开头那样她要了礼物还卖乖的事。

最后读者跟我说，前几天我看到物资部部长送了她一套礼盒，她认人家当表哥，我不知道她是真单纯还是跟我装傻，我早告诉她人家结婚了凭什么对你那么好真把你当妹妹，她老说我小心眼……

后来他们不再说话了，整整一个月。

有一天，小绿突然又主动递给了他一个苹果，理由是，你之前也送过我。

他没有接受，他很想和她多说说话，但忍住了。

"因为我不需要她的施舍和假关心，也不缺她这样的一个朋友。"之前的种种表现，她可能是真的有点喜欢他的，但这一点也不妨碍她去喜欢别人。

可是拜托了，我要放弃的时候，求你别对我笑。

毕竟，我只是喜欢你，又不是没你不能活。

和不成熟的男人谈恋爱
是什么感觉

1.

不成熟的男人都自带一种劣根性——在他的"未来"里，没有你的"人设"存在。

璐璐就有过这种不成熟的男朋友。

男朋友出生于富裕家庭，家教严格，所以不是什么花花公子的类型，都说喜欢一个人多少会图点什么，我一开始也带着世俗的偏见：璐璐大概是喜欢他老实又多金？

他们高中毕业后，他带着璐璐去见了自己的妈妈。

结果刚一见面，男朋友的妈妈就把璐璐的家底上下问了个遍，如果眼神可以杀死一个人，璐璐大概全身被刮得片甲不留……

而他男朋友呢？全程漠然这一切。

"你家经济条件如何呀？"

"你爸爸妈妈感情好吗？"

"你马上上南艺呀，那应该也就是个三本的学校吧？"

几个问题罗列下来，璐璐心里早就有点儿不舒服了。

"家里开的厂倒闭了。"

"不好，因为倒闭的事情爸爸精神状态很差，他总欺负妈妈，他们快离婚了。"

"我的专业课成绩是一本！"

……

这完全是现代人所称的"尬聊"，我发自肺腑地说，璐璐你脾气真好……

她摇摇头说，说实话当时感觉自己的心脏已经提到嗓子眼儿，差一秒就爆发的那种，字字句句如鲠在喉般。

扎眼。

期间，她不是没给过男朋友眼色，暗示他帮她，可他不知是木讷得要死还是真的无所谓，不但没有替她打马虎眼儿，还怂恿璐璐多主动跟他妈妈聊天：

"唉？你不要总让我妈妈问你嘛。"

他就好像典型的"妈宝男"，从未体会到气氛的尴尬以及璐璐的失落。

坦白说，他妈妈那样的行为就是以前人说的"护犊子"，唯一令人欣慰的是：犊子长大后，也终于学会"护犊子妈了"。

可喜可贺。然而最重要的是，当他们终于兜完一圈子后，当隔天璐璐战战兢兢地问男朋友，你妈妈怎么评价我啊？

"这女孩儿其他还行，就是有点丑。"

嗯。听到这样的回答，璐璐之前积攒的好几箩筐委屈和不甘，在一瞬间爆发了。

她也总算是透彻地明白了那句：

"恋爱的最初目的，只是想有个人可以说说话，可你总要蹚过很多条小溪，才能变成一颗沉默的石子。"

其实最让她难过的不是男朋友妈妈的评价，而是她突然醒悟——男朋友根本不懂得爱自己。

对此，张爱玲形容得不能更准确了：

我以为爱可以填满人生的遗憾，然而，制造更多遗憾的偏偏也是爱。

2.

但即便是那样，璐璐都从没想过要和他分手，听到这里，我脑海里又一次冒出来那个很恶俗的想法：果然她还是喜欢他家那点儿钱吧……

可事实上，这个"露骨"的想法刚一发射，我就自己打脸了。

大学伊始，他们正式开始了异地恋，她在南京，而他在成都老家，可整整三年，他们每每一起出去玩，都是璐璐提前预定好机票和行程，甚至落实细枝末节处，撞见什么奇葩的事儿，总是璐璐先"出头"。

他就好像个畏畏缩缩的、没长大的小男孩儿，把女朋友当妈妈似的依偎在她身后，静观其变。

你说两个人的费用怎么办吗？几乎是AA均摊的。

印象里，男朋友没有主动请她吃过一次饭，连掏钱结账都要她去喊。

"我真的不想再看见那种埋单时在服务员面前一人掏一百块钱的样子了。"

"他似乎没有那种意识，甚至后来我经常教他学会管钱，大一那会儿我们还都是两个穷学生，我把两个人的钱凑在一块儿全放在他那里，让他记着出门主动点儿。大概过了小半年，他才习惯。"

……

以上种种，不胜枚举。

而他们在一起五年里，第一次真正过上情人节，还是大二那年，情人节撞上了春节，璐璐毕竟也是个女孩子呀，也难免有一些天花乱坠，或许不切实际的构想。

这是她从未有过那么强烈的欲望去过一个情人节，于是鼓起勇气坦白，提前一个月去跟他说："这个节我全程不参与安排，但我希望你能精心一点准备好，可以吗？"

男孩子同意了。

这一个月里，璐璐也提醒了他好几次不要忘了，他总说，我记得的。

终于到了情人节前一天晚上，璐璐问他，明天咱们怎么过呀？

男孩子说，我带你去吃学校后街的地锅鸡，你不是一直很想念那个吗？

璐璐真的是一个很容易就满足的女孩儿，听完后一下子就兴奋了，不过她转念一想："你确定，春节那里会开门吗？"

男孩子很肯定地说，会的会的！我都打电话问过了。

璐璐终于心满意足地睡了，第二天一大早，两个人相约在同一地点，上了公交车，"春运"把两个人几乎要挤成豆腐渣。

兜兜转转了一个多小时，他们才终于晃悠到了校园里，可一进大门璐璐就感觉哪里不对……果然，后街一共三家地锅鸡，没有一家开门，整个校园里也是除了他们，一杆子再打不到人。

璐璐尽力克制着满腔恼火，看见转角有一家开着的火锅店就管自气冲冲地踏门而入，三下五除二地就点完了餐。

整个店里，就他们一桌，男孩子终于开口了："为什么我们要吃这个？"

璐璐气得直跺脚，你还好意思问我？是谁说早就打听好了的过年正常营业的？那不然现在你说吃哪个？

"不是……我刚刚的意思是说……我们不该吃这家的，这家传说是地沟油做的。"

如果你有过在一瞬间完全傻掉的时候，就大概能理解璐璐当时的感受，叫作绝望。

璐璐大吸一口气不想跟他计较了，问："接下来咱们去哪儿？"

男孩儿就蒙了，"我……还没有想好"，璐璐也蒙了，头也不回地就往家跑。

是的，第一个情人节，就这么草草地结束了。

不得不说这几年里，女孩子的心路历程大概转过了180度的弯，那个男孩子却好像在五年前就已经停止了成长一样。

她觉得，那个男孩教会了她成长，但她却不是那个教会他去爱的女孩。

奈何这世界上唯一能永恒的，就是恋爱中女人的幻想。

但即便是那么爱过、忍受过、绝望过的彼此，也依然有毫不留情离开的权利。

3.

记得之前刚进大学那会儿，男朋友还信誓旦旦地说自己要出国留学，璐璐听了进去，就开始发了疯似的恶补英语。

可事实证明，很多时候就是这样，说者无意，听者有心，他说了一遍的话她就记住了，然后自己转身就忘得一干二净，后来到大三了，璐璐拿着自己的雅思成绩单给男朋友看，他嘴巴张得大到能吞下一整个鸡蛋似的，羞着地说："其实我妈想叫我考国内的研究生……"

璐璐顿时愣了神，那晚她再没说话。

没过几天，璐璐截图发给他一些自己花了好久找到的资料，问男朋友到底想好没有，这就要大四了，考什么专业、什么学校。

"什么都没想，走一步看一步吧……"

"哦，对了，我妈妈说，金融蛮好的，可能就那个了吧，西南财经大学。"

就是那一次，璐璐开始深信不疑一件事，男朋友不是没有把自己框进他的未来里面，而是他从来就没有想过给她什么未来。

她骨子里一直是个很积极上进的女孩儿，想去上海发展，她也在他面前说了好多次，想和他以后一起去大城市努力打拼出一个属于他们的未来。

可男朋友就觉得靠家里找找关系上个成都本地的学校，过着舒服安逸的日子，就蛮好了。

所以，和不成熟的男孩子谈恋爱到底有什么感觉呢？

就如同你在收养一个注定不会赡养你的儿子，你看着他成长，还要等到他离开。

分手前那段时间，她内心一直在倒数，其实也不是故意要设定一个时间啊……

只是一拖再拖，明知道要失去，明知道无法取代，可还是希望能拥抱他多久就多久，明知道抬条腿就迈过去了，可就是抬不起来，想能看他孩子气多久就多久，一点点蓄积力气，直到约定的那天到来，就算离场也不那么狼狈。

那天最后，璐璐跟我说：

多希望我只是看上了他的钱呀，那样我大可不必将自己整个的青春都耗费在他身上。

真的，那样就很简单了，一旦利益没得到满足，我马上就可以随随便便抽身该多好。

是啊，拖泥带水的样子真的太难看了。

"哦，对了，今天考研成绩出来了，我这都研一了，也不知道他今年的研究生还没考上。"

"其实我心里有个坎，一直过不去，我总觉得我和他还没彻底结束，说不定哪天他还会回来。"

　　而我望着她还留有回忆的眼神，想起那句——无论我们以后生疏到什么地步了，曾经我对你的好都还是真的。

　　现在亦是。

男朋友非常穷
是怎样一种体验

我高中谈过一个男朋友，第一次聊天就很投机，其间他突然说："你等会儿，我去楼下拿个东西。"

我对着屏幕愣了，"难不成他家是那种200平方米以上的双层？"正当我这么想着，他回来了。

我直截了当地问了他，他说对啊，我家有楼上楼下。

不知道为什么，在得到他承认的那一刻，我内心莫名涌现出一种"傍上富二代"的刺激感……挺好笑的。

其实我家没有很穷，甚至可以说综合条件还不错了，但爸妈当时每个月给的零花钱并不多，而且我那时候就有很强的购物欲，我以为和他在一起，我至少可以把自己的钱都用来买买买，他能解决约会时的一切障碍。

都说，两性关系都是从一来一去的聊天抖机灵开始的，果然是这样，很快他向我表白了，我们顺理成章地在一起了。

从那开始，我就一直以为自己谈了一个很有钱的男朋友。

他眼睛很大，和我说话的时候好像能把我整个人都包进去；

他成绩很好，分班后的第一次月考是班级第一名，年级第二名；

是的，他家还有两层。

都说年少轻狂，这个词是说，长大后我们逐渐开始有自知之明，其实自己真的没那么重要和特别，以至于年轻时的自命不凡，大多只会摔得更惨。

年少时，我总是天真地以为我们会在一起长长久久，以为一旦爱上就是永远，每天还脑补我们的未来，我想啊，这种男生以后一定可遇不可求吧？我要把握住。

不得不说，几年后看来，我还是会被自己那时候就有那种想法，而感到惊讶。

依稀记得刚恋爱那会儿，我死性不改、热衷迟到，反正每天桌上都放有毛毛虫面包，里面夹着热乎乎的烤肠，我心安理得地吃着，站在走廊上咀嚼着，耀武扬威地炫耀着。

他每天晚自习之前，都会在最后一刻赶到我座位前，送上一杯校门口最贵的奶茶，价值8块钱，是啊，他大可不必买8块钱的奶茶，以往我喝2元的原味奶茶一样津津有味，不是吗？

可人一有点钱了，就在不知不觉中喜欢上"矫情"。

就这样，我们的关系持续了一个月，迎来了月考，考完后是惯例的狂欢，我们压根没回家，直接喊他出来玩，他骑着自己的电动车载我上了商业街，那是我们第一次在校外约会。

"看电影吧？"我说。

"呃……看什么呀。"他支支吾吾的，一定是害羞吧。

"最近《痞子英雄》蛮火的，就这个吧。"我指了指公告牌，等着他付钱。

他停顿了很久，跟我说，他今天就带一百块出来，可是一张票60，好像不太够。

"可以团购呀，那些APP都只要30块就够了。"我开始有点无语了。

"可我……没有手机。"他好像要把自己整颗脑袋埋了下去。

是的，那一次看电影的钱是我付的，爆米花和饮料是他买的，一共30块。

不得不说，那个电影我一开始看的很压抑，因为我脑海中一直有一个没划掉的怨念：

"如果一开始就坦白讲也就算了，可你不是说你自己家里很有钱吗？"

那天我一个人生着闷气，他一路上也沉默，甚至没有给我解释。

这件事就这么不了了之，很快月考成绩出来了，我去办公室抱作业，途中突然听到旁边班主任和男朋友的声音，办公室很大，人也多，我确信他没有看见我。

老师突然开口：

"你看你这次月考退步了五名，再这样下去，你们家条件光靠那点助学金是不够的，奖学金就拿不到了，老师也帮不了你了，多在学习上用点心啊……"

我不小心听到这一切，仿佛触碰到了什么不可与人说的禁忌，最后我抱着一堆作业在人群中仓皇而逃。

没错，就是从那天起，我再也不迟到了。

我跟他说我爸爸每天都给我烧了好吃的早饭，面包烤肠这类东西就不要买啦！

他说好。

我说我要减肥了，以后晚上就喝点热水吧，于是桌上再没出现过奶茶。

其实我想想也知道，他每天固定给我花的十几块钱，全都是他自己一块一块省下来的，他从来不买资料书，硬是抠课本和老师的笔记。

后来的周末我们依然会出来约会，那天是他生日，我带着他去KTV，我说我朋友请的客，咱们混吃混喝就行，而其实我偷偷塞给朋友自己的钱包。

他是第一次去这种地方，不敢唱，我安静地唱了很多歌，他就坐在一旁挺直身子有些拘谨，认真地听下去，其中有那首《祝我生日快乐》。

那首歌我没有置顶，没有猴急地切歌，只是点歌的时候一起点播了，任由它自然地弹上来，我自然地唱，但我余光里瞥见他眼神里涌动出一种类似惊恐的神情，随之慢慢转为温柔。

散场后，他依旧骑着那辆后轮会发出"咯吱咯吱"声的电动车送我到家门口，我站定不动，还是想目送他的背影，这一次他没有让我得逞。

他眼里带着笑："今天谢谢你，我很开心。"

是的，我用这种方式祝他生日快乐，没有昂贵的礼物和虚假的祝福与承诺，因为我知道他以后若是还起来很困难。

还是十几岁的人，想承诺什么，都会给人一种虚妄感，我们一直步步为营，生怕戳破了什么，这大概就是因为男朋友很穷教给我的，较为妥帖的处理方式。

或许，他已经知道我知道一切，但我们谁也没有说破。

我依旧没有拒绝他偶尔送来的小零食，因为可能那是我们维持关系的小秘方，偶尔我晚自习前懒得出去买晚饭，会让他带一份四块钱的蛋炒饭，要很多萝卜干的小菜，还有一杯甜豆浆。

这五块钱，对我们关系的作用发挥到了极致，让感情只增不减。

因为有了这样，他便不会暗自觉得自己在这段感情里从来没有付出过什么，我也心安理得地接受他对我的好，就像在承认并对这份爱作出回应。

后来，我们还是会一个月出去看一次电影，我不再要吃爆米花了，每每跟他要了一个圆筒冰淇淋，就腻到我心里。

直到分手前有一次，他带我去一个地方玩，电动车驶过他的家，他用手指给我看，说那个有点废弃感的屋子就是他家。

我转头看过去，阴冷的风在我的脸上烙下印记，那的确是上下两楼，上面是衣食起居，下面是一个小到不能再压缩的理发店，他妈妈是店里唯一的理发师，他爸爸是出租车司机，一个再简单不过的家庭。

听完这些，我坐在他背后，双手情不自禁地环紧了他的腰，把头伸进他臂弯里，勇敢地大声对着他了句：

"骑快点，再快一点，我想赶紧到终点看看。"

很多时候，我们都应该感谢贫穷，是它让我们遇见了最原始的自己。

挺美的。

而如今，我望着身边来去匆匆的"路人甲"，我想大概这就是成年人的世界法则，因为你已经很难再相信，有人为你做点什么并不是他图你什么，仅仅是因为他愿意。

如何向恋爱中的对方
表达自己的负面情绪

　　"总以为，憋在心里，这就是爱。"

　　可你知道情侣都是怎么分手的吗？

　　恰恰是因为你们总是"迁就"对方，生气的时候懒得解释，一方一脸懵逼，等一方把失望攒够了，突然爆发……这时候，对方也会有一大堆的委屈说出来，两人相顾无言，都觉得自己委屈得不行。

　　最后，你们陷入自我感动，各自放手，还对方自由的权利。

　　殊不知，因不善于表达而分手，真的很吃亏。

　　你付出多，你用情深，却没人说你好。

　　我发现，经常有人这么想：

　　"我很想他，我也想找他，但我不会主动找他。"

　　因为我内心太过骄傲，因为我强大的羞耻心。

　　"我怕说出来的那一刻，感情就随之变质了，我怕我的感情只是单向通行的。

　　因为我爱你，所以常常想跟你道歉。

我的爱沉重，污浊，里面带有许多令人不快的东西，比如悲伤，忧愁，自怜，绝望，我的心又这样脆弱不堪，自己总被这些负面情绪打败，好像在一个沼泽里越挣扎越下沉。

而我爱你，就是想把你也拖进来，却希望你救我。"

以上是一段之前被传疯了的话……

但仔细想想，其实完全大可不必在感情中把自己弄得那么可怜。

那么，到底如何很好地向恋人表达自己的负面情绪呢？

首先，判断你的"负面情绪"是否与恋人有关。

1. 和他/她有关，当机立断。

人是社会动物。

当你和一个人在一起久了，难免会因为碰撞产生矛盾。

比如我就很在意之前的男朋友总提到他前任，他每一次无意提起，我的心都像劣质衣服一般起毛球……

每当我想起整座城市里到处充斥着旧时回忆，这条街，我跟他一起走过；这家米粉店，我们一起吃过；这个乞丐，我们一起给过钱。

可当我转念想起，这些昔日的浮光掠影，他和她也做过的时候，我顿时啼笑皆非。

所以这件事是因他而起，我就要摊开来好好跟他说明我的想法，有一个小方法是：

我不善于表达，但我可以写在便签里发给他看。

如果你们真的想永远，就在发现对方的错误以后，直接指出来，不要因为面子问题而放不下去脸面。

万事开头难。

你可能觉得自尊心不允许你背叛自己，可能又觉得对方会因为这个而不高兴。

但你有没有想过？你们并不会因为一次"敞开心扉、赤裸相对"的交流，而闹分手。除非你自己承认你们对对方的爱不够。

爱情吗？哪有那么多凑巧，不过是人为刚好。

2. 和他/她无关，冷静后再找他。

比如我经常被工作上的事情，弄得焦头烂额。

可能你说了，对方的确也不一定懂，这时候男朋友再突然某一句话说重了，那我肯定会把情绪带到他身上。你知道，情绪化时说的狠话，一旦对方听进心里去了，伤害是不可逆转的。

所以，你们可以先提前说好这个事情——①他性格很好，而你只是想宣泄情绪。

那就冲他发脾气，对事不对人，等你冷静好了再回来抱抱他。

②他也容易激动，你找个地方冷静。

毕竟你的恋人在这件事上没什么错，己所不欲勿施于人，更何况是与你关系亲密的那个人。

特别是现在能谈个恋爱就挺不容易的，等你自己发泄完了，再心平气和地告诉他怎么回事，让他给你安定感。

认命吧。

你说人人生而平等，直到你有了喜欢的人。

女人恋爱中
有哪些误区

"爱"是用来"体验"的，不是用来"考验"的。

最近碰到一个女孩儿，她为了试探男友的忠诚度，特意做一个"真实"的微信去找他"约炮"，终于霸王硬上弓，如她"所愿"：

男朋友找她借钱，要去跟她的"小号女人"私会。

然后她还不可遏制地哭了，说实话，我是真的很难理解这种行为。

我深知安全感对于女人的重要性，可是最基本的，连你自己选择的人你都信不过，这恋爱还有什么可谈的呢？

所以这种举措，不论他怎么选：

1. 你得逞了，你被判出局，你们分手。

2. 你没得逞，你的质疑导致你配不上他，分手。

麻烦你以后先学会爱自己，那么别人爱你这件事，才是"囊中取物"。

可颜颜不这么想，她从一开始就对这段感情"将信将疑"，总觉得男朋友还惦记着初恋，所以她开始了"测试"。

颜颜认识他的时候，她是他同一个工作室的师姐，那个时候她知道他有个异地恋5年的女朋友，感情很好，也很羡慕他们，他们一直保持着点头之交。

直到有一次，她和工作室的一个女生吵了架，偷偷擦眼泪的时候给他看见了，他非要送颜颜回宿舍，他们在同一个宿舍区，送她到宿舍楼下后，"我请你喝糖水吧？喝了心情会好。"他说。

就是那一刻，她开始有点喜欢他。

之后他经常找颜颜聊天，有时候从工作室一起回宿舍，关系也逐渐升温，直到有一次他和他女朋友吵架，颜颜一到家就从知乎上找了一大堆异地恋相处的攻略给他看，他也从那个时候开始很喜欢和她聊天，让她给"他们的感情"出主意。

"我告诉你个小秘密吧。"他突然说。

"什么啊？"颜颜心里有一万头小鹿乱撞。

"我跟我女朋友分手了，她提的。"

"啊……"

成年人之间最有意思的地方，就是很多事大家不言自明。

简称，心怀鬼胎。

有一天晚上，颜颜本来要去看音乐节，他突然发来短信和她说心情不好。

"那我不去了，陪你玩吧。"

"好。"

她放弃音乐节带他吃甜品；他带她去看《你的名字》；他们在宿舍门禁前，费力地说出各自的过往，结果一直说到凌晨3点，各自爬回彼此的房间。

他开始一个劲地撩颜颜，可她越喜欢他，越"患得患失"，他们还是在一起了，他分手后一个月后他们就在一起了，"我怕他没有忘记前女友。"她继续说，可他坦白说自己就是想重新开始才喜欢我，才想要和我在一起。

我们在一起，是真的开心过。

可奈何女人的天性就是敏感多疑呀……

平安夜那晚7点多，颜颜看到他手机里有他前女友发来的信息，他还接了个电话，看到他神情凝重。

"怎么了？出什么事了？"他只回答没事。

后来她趁着他去厕所的时候手贱打开，看到他的朋友和他说："MY(他前女友）为了你玩消失，我们找不到她了，你这个混蛋！"

他回来后，她假装不知道，什么都没问，那晚一起睡觉，同床异梦，可那晚她暗暗下了一个决心——弄一个小号，假扮另一个女人，拿自己的美女闺蜜的照片，去"钓"自己的男朋友。

第二天醒来，她就开始实施这一切，具体过程就不赘述了，男人和女人聊出感情的不在少数，他开始也很犹豫，后来终于答应和"小号的自己"见面。

颜颜当即转过身，把聊天记录拆穿给他看，他一瞬间愣住了，"你竟然冒充别人骗我？"他一掌推翻了桌上的东西。

他是真的生气了，她也知道这段感情到此结束了。

可也就是那天，她才知道，男朋友打的那个电话，他跟以前的朋友是这么回复的：

"我现在有女朋友了，颜颜是个很好的姑娘，她为了我自残，我很抱歉，我愿意出医药费，也希望你们能好好照顾她，但我不能再辜负另一个女孩子了。"

那天他没有回复微信，而是直接打了电话和朋友说这些，而颜颜只是看到了一个"片面的事实"……最后自掘坟墓。

说真的，听到前面我还为颜颜的经历感到心疼，可到了这一刻，我对她嗤之以鼻。

难道了解一个男人对你是否真心，一定要通过这种"试探人性"的方式吗？

试问：

当你恋爱时，身边突然多出来一个"有质感的高富帅"，他每天只想单纯地和你在一起那般地"撩"你，你又真的能内心毫无波澜吗？

所以亲爱的，己所不欲勿施于人，人性是最经不起考验的，他爱你，他在乎你，你一定是感觉得到的。

男人既然可以"约炮"，就意味着女人也可以，他还有可能一个约对个吧？这就更有可能说明：

女人可能"约炮"的概率更大。

记得王晶的电影里有过这样一句话——我们不应该互相猜疑对方，而是在知道对方出轨时该如何保护爱情。

希望你相信爱情的同时，也能相信爱情的永恒；希望你下一次在试探爱情之前，先做好老死不相往来的准备。

花朵还不想明日事呢，急的只是我们。

怎样判断
一个男人真的爱你

分手见真心。

分手那晚，他刻意把"渣男""花心"之类的字眼往自己身上贴，看似炫耀，实则是到最后还在怕我会担心他以后过得不好。

"以下这些话我再跟你说最后一次。"

就是这样俗气到不行的开头，很快他像个老妈子似的balabala了一大堆：

1. 唉，你知道吗，越来越开始担心你了，你以后晚上能不能早点睡？

你这样作息昼夜颠倒，我真怕你哪天控制不住自己的思想，万一晚上再没个人陪你说话，一点半，好吧给你放宽到两点前必须睡好吗？

2. 就当我求求你生理期别再贪凉吃冰淇淋和吃辣，半夜喊肚子痛了。

3. 其实男孩子有很多套路的，你这么傻，到底能不能分得清啊？如果以后能遇到一个各方面都合适且不错的男孩子，也要记得，不要在一开始就和他发展得太快，那样会不被他珍惜。

4．坐车的时候就别看手机了，你能不能给国家省点儿油，少坐反坐过站几次呢？

……

我在电话那头摇着脑袋，听他一一细数我生活里常见的"小闹腾"，缄默不语地笑。

笑他是真真正正地爱过我；也笑我们这段感情，尽管两人那么用力爱了，还是免不了忍受分开的落魄。

所以要真想判断一个男人是否真的爱你——就看他在分手的时候，说了什么和做了什么。

毕竟，人对于唾手可得的东西总是不抱热情，对于已经不属于自己的东西更是食之无味，热衷敷衍了事。

我们刚在一起的那段时间，不论多忙都会在睡前打电话，他总会让我先挂，还有，我从没跟他说过我家的地址，但他就能根据我在电话里描绘过几个"零碎片段"，在地图上找到大概方位，冬天给我寄快递，说只要手机号填对了就不怕找不到我。

我一打开，一大堆暖宝宝掉了出来。

可事情往往事与愿违，当我感觉"非常高兴"时，总有种好景不长的感觉。

就像《阴天》里唱的那样："感情开始总是分分钟都妙不可言，谁都以为热情它永不会减。"

可后来当聊天话题渐渐局限于某一点，当心里的距离比异地的距离还遥远的时候，谁都没办法拯救这段感情了。

终于提分手那天，他问我要不要最后一次通话，我说我害怕，怕舍不得和放不下，"那就不必勉强了。"他说。

总是这样。

和他在一起，选择权几乎永远摆在我这儿，我总是好死不如赖活似的"抵赖"，咬定各种关口，而他就负责蹲在一旁百依百顺。

"等哪天你不喜欢我了，跟我吱一声就行，我就自己识相地走开。"他以前总爱这么对我讲。

最后那晚我还是打给他了，电话接通后我们就像平常一样打哈哈，但我能很明显地感觉到——他比以前更会佯装一些东西了。

他明明是个心思很细腻的人，细腻到什么程度呢？

就像之前网上一个段子说的那样，在公交车上碰到一个女孩儿，都能随之想到和她在哪里度过余生了。

而他呢？比我大五岁，知道我是独生女。

要从北方来找我；要等我长大；要挣钱到南方买房；他要给我未来。

可就是如此爱幻想爱落实到细枝末节的他，总是纵容我做一些出格的事。

他为了让我不要担心，把本就是一个专情的人设玩崩，偏要跟我透露家里最近要给他相亲，还说他又新认识了很多和他地理位置相近的优秀女孩儿。

他说他会很好很好的，只不过等他结婚了，会在微信上死皮赖脸敲我要份子钱，"但你人就别到了啊"说得那么干脆，仿佛练习过千百遍。

"如果你以后和谁在一起让我知道了，我给他发一封匿名邮件，提醒提醒他一些你的小怪癖。"

他那天说了太多了，却没有一句是为了让我愧疚的，我想起那些分手时总爱撕破对方脸皮的情侣，想起那些不到黄河心不死、最后形同陌路的分手方式，我发现——他太蠢了。

真爱果然都会让人蠢得像头猪，假爱才让人得心应手。

跟你上床，
纯属礼貌

　　不知道从什么时候开始，有一种很"时尚"的观点深入人心——礼貌性上床：是指孤男寡女同处一室因为各自心理的猜度，考虑对方尊严的照顾，而出于礼貌性地上床做爱。这种理论有力地挑战了中国传统女性的贞操观，也容易导致伦理的混乱。

　　原来，男女上床也可以无关乎爱，甚至是连性都称不上的一种社交活动。

　　换句话说，如果不跟对方上床，就是嫌对方没魅力。

　　"她解开胸罩，搂着我，我不知道为什么此刻一点想法都没有，就觉得她肯定会受凉感冒发烧。连我喝完酒都冷，更何况她体寒，痛经。"

　　章鱼叔叔跟我说，那天他和喜欢了几年的女孩子小X，第一次共处一室，没想到自己竟然会这样。

　　我笑着说，挺好的，因为自带爱情，倒不至于"做不了爱人，做个爱吧"。

　　不知道小X是不是出于这种观点，周末他们约在一起在外面吃饭的时候，小X问章鱼叔叔，为什么那晚不做？

他笑笑不知道怎么回答。

小X继续说，自己问了最要好的朋友，朋友说："天呐。这男人下面肯定不行，有问题。"原本不置可否的章鱼叔叔立马反驳，怎么可能？要么我们今晚试试。

"别狡辩了。"小X继续笑话他。

——我知道对于她我在隐忍，但不知道为什么我会这么选择。

章鱼叔叔虽然嘴上这么说，事实上他很清楚自己为什么这么做，他分明是对小X的感情太重了，他努力压抑自己，不过是不希望因为一次带有侵略性、不单纯的"性爱体验"，就轻易毁了他们之间的感情。

他们相识在2010年初，那会儿章鱼叔叔去健身房认识了一个哥们，觉得很投缘，就经常在一起健身，出来玩，可那个人是花花公子型的，蛮帅的，家里还有洗浴中心，还有一帮小姐。

有一次出来唱歌，他带来个新女友，是个律师，跟他落差蛮大的，一向有律师情结的章鱼叔叔发现自己真的很喜欢她，但是真的碍于所谓的友谊，章鱼叔只能压抑自己，之后他觉得那个花花公子人不太靠谱，渐渐不再联系。

后来得知，他们结婚了。

事情的转变在2012年底，在一个小范围同学聚会上有个同学老公是律所的，章鱼叔叔突然想起了什么，就随口问起小X，不问还好，这一问，却问到了他们人生路的交叉点。

对方说，她已经离婚了。

后来聚会上依然吵闹，但章鱼叔叔一句都没听进。

"我只觉得好心疼好心疼她。"

"我原来以为一点都不在乎，可我真的好心疼，我开始通过别的方式联系上她。"

功夫不负有心人，这个世界真正要找你的人，总有办法找到你的。

章鱼叔叔还是联系上她，慢慢和她接触起来，他们互相介绍朋友圈，这才得知那男生滥赌，骗她爸妈的钱说是做生意，经常要帮他摆平一些抓进警察局的朋友，最过分是：

经常约一些洗浴中心的"工作人员"大家一起在外面吃饭，居然把准备办酒席的钱用掉，说借高利贷办酒，然后用份子钱还贷款。

章鱼叔叔很是心疼，他唯一能做的，就是拼了命地对她好，而这一次，他是不想再眼睁睁地把心爱的女人拱手让人了。

他和我说："2012年到2013年，是我最开心的一段时光。"

小X的爸妈住在A市，可她工作跟章鱼叔叔在一个城市B，这里也有房子，那会儿晚上一下班，他就到她家吃饭，她会煲汤，饭后章鱼叔来洗碗。

小X会弹钢琴，章鱼叔叔会跟着唱，他唱什么她就弹起伴奏，然后一起玩iPad"戳戳"（找你妹）。

即便如此，章鱼叔叔从不留宿，他自己没提过，她也没挽留。

"我们明明非夫妻，却过着类似夫妻的小日子。"

也许他只是备胎吧，但是他说自己不在乎这些，这是他生平第一次不计较什么跟一个女人在一起，其实开始真的是因为外表而乍见之欢，可后来是真的对外貌无感了。

于是就有了那件事，她应酬比较多，有一次晚上喝多了，她同事电话章鱼叔，他把她接回家，她到家吐得一塌糊涂，章鱼叔帮她把脏衣服脱了，剩下内衣，把被子盖上后，他开始收拾屋子，她喊口渴，又在床上闹，还让他唱歌给她听……最后，她自己把胸罩解了。

章鱼叔站定在一旁顿了顿，还是选择哄哄她，直到她睡着，继续收拾了屋子，把脏衣服丢进洗衣机。

这时候差不多都夜里三点了，他关上门，走了。

事后的一周他们没怎么见面，都忙是肯定的，但能感觉到彼此有些不好意思。

再然后，就是他们出来吃饭，她嘲笑他"性无能"的事。

就这样时间一直晃悠到2013年春节，小X跟他父母去看远房亲戚。他们每晚都在聊天，她发照片给他看，是山西的风土人情，有趣的人和景。

突然她说微信可以玩剪子石头布的游戏，"无聊，我不玩"，章鱼叔说，她说这样吧，玩真心话大冒险，谁赢了就可以问对方一个问题。

他们一来一往问了很多问题。

最后她赢了，问的是，"你真的不想跟我做爱吗？"

"其实很想。"

两个人的聊天就这么"天折"了，隔了很久，她才回复说："困了，晚安。"

2013年开年工作，章鱼叔悬了很久的事情定下来了，他要被派往伊拉克工作，要一年才能回，其实他2012年初就申请了，几乎都忘了这事儿了，现在却批准了，他真心不想走。

他清楚地记得，那晚约她在一家日本料理店，那种先付账的自助餐厅，一个榻榻米的房间，她说这顿我请，她说，我要离开这个城市去爸妈所在的A市工作了。

"我也要离开了。"章鱼叔说。

她哦了一声。

在伊拉克由于通信不便，他们联系渐渐变得少了，加之章鱼叔水土不服，也经常生病。他想她，但碍于不知怎么去表达，居然拿起信纸去写信，然后再用微信拍照给她。

这一年多大约有十几封，开头如出一辙——吾妻XX：见字如面……

她只回了一两封。

直到2014年5月初，章鱼叔回国了，过了半月才敢跟她联系，她要他来A市玩，顺便，介绍她男友给他认识。

男朋友是她妈妈的朋友介绍的，一个歌唱家，A市文化局的。

"他不像你，好疯好闹。"她这么化解尴尬，却好像更尴尬了。

章鱼叔听后倒很平淡，下定决心不去找她，一直推说，等有空等有空。

日子很平淡地过着，直到有一天，小X微信跟他说，她和那个歌唱家的婚礼，在2014年的年底的某一天。

章鱼叔没有去婚礼，却和橙小姐谈起了恋爱，橙小姐是某银行的法务，他和橙小姐恋爱总喜欢谈很多法律问题。

有一次橙小姐突然问起他前女友的事儿，他只说了以前的，到了末尾加了句，其实有个朋友XX也是学法律的，却强调不在一个城市，他们不太熟。

不知是有意还是无意，橙小姐说自己律师执照有点问题，问能不能帮她找人问问怎样处理。章鱼叔说不认识人，可她软磨硬泡，说你人缘关系那么广，逛街经常跟熟人打招呼，怎么可能不认识？

章鱼叔也是禁不住奉承，就跟XX联系了。

事情很快就解决了，橙小姐说你是不是联系那位XX了，章鱼叔说不太熟，不好意思开口说，可橙小姐从此习惯性侵略似的，有事没事都会问一些关于XX的事，时间一长他就有的没的说一段。

最后那天晚上，他和橙小姐打电话聊天，聊到汽车，然后橙小姐说自己在研究生时前男友也是开这个车，还眉飞色舞地说了很长一段时间，说她前男友当初如何带她好，怎样追，怎样吻……

　　章鱼叔终于忍不住了："我实在受不了，我说我听不得这些，你还真兴奋地跟我说。"

　　橙小姐冷冷地说：你每次提XX时的神情，也让我恶心。

　　章鱼叔叔立马说："我们没有在一起，她不是我前女友。"

　　"好吧，那就是你住在心里，一辈子得不到的女神吧！"

　　章鱼叔叔终于被她说怒了，两个人还是逃不过分手，在分手一天橙小姐电话他说，要还给他送给她的包、首饰和礼物。

　　他说不用了，你留着吧，自此再无交集。

　　还是那段时间，章鱼叔叔凭本能地给小X发了个信息，聊了近况，却因为他自己憋了好多年的一句心里话，让两人又陷入了一阵沉默。

　　"你知道吗？在我的记忆深处一直有一个画面，就是我们在老家，你在厨房烧菜，我站在过道镜子前看你，然后我们一起玩戳戳看。"他说。

　　"那你为什么这么多年，也不愿意和我上床？"

　　"性永远比不上陪伴。"这一次，章鱼叔叔，终于还是给出了之前那个问题的答案。

　　几个月后的某晚，小X发信息给他："我又离婚了。"可这一回，章鱼叔没有再回复她，而是立刻打车冲到她家门口。

　　我知道有人陪伴的感觉真的很好，但陪伴有毒的。

　　但这都没关系了，这一次，只要是你陪着我，什么身份都可以。

CHAPTER

_05

"请你用心点套路我"

——满屏情话，不如一见。

女朋友的哪些缺点
最让男性受不了

拿别人的钱满足自己的虚荣心。

别的男人送她一瓶800块的香水，她却发朋友圈说是自己男朋友送的。

她一面贪图老实人的"稳定输出"，一面不拒绝"花花世界"的蝇营狗苟。

其实虚荣本身很好，一个人的能力如果能支撑得起他的虚荣心，那就不是虚荣。

我有一个男读者，从我刚写公号之初就和我熟络起来，缘由是他向我倾诉了一个很颠覆我三观的故事——

那天他在广州的女朋友跑去深圳找他玩，两个人本来在商场看电影，电影看到一半，她打开手机看了一眼后，屏幕就迟迟舍不得灭。

"手机先关掉吧，你这样对旁边的人影响不太好哦。"

"好……"她支支吾吾地回答，很不情愿地收掉了手机。

他在影片的后半段，可以很明显地感觉到她的急迫、坐立不安，其实刚刚他和她说话的同时，他不小心瞥到了她的手机。

他看到她在微信上，收了别的男人转账来的八百块钱。

紧接着，电影的片尾曲还没开始放，她立刻站起来拖着他赶紧走，他当然没有急着问她怎么了，但他直觉一定和那八百块钱有关系。

果然，她们坐着旋转楼梯一层一层而下，以往到了一层的奢饰品区，她都是看看后就拽着他匆匆"逃离"，但这一次不同。

"你好，我要这款，对，100ml的。"

全程不到十分钟的时间，她就花了平常两个星期的生活费买掉了一瓶香水，他站在收银台外三米处愣神，将她这一系列过程尽收眼底，他确乎是在一瞬间认不出她了。

他们坐着地铁一路沉默到家，她兴冲冲地给香水的各个角度拍了照，他给她倒了杯热牛奶，却看到她正在编辑朋友圈的图文，配图正是那瓶香水。

他一直没有多过问她这件事，不过那天一整晚，他都没有刷新到她的朋友圈更新动态，听到这里，我就猜到他女朋友把他排除在分组之外了，结果事情还不仅仅是这么简单……

没过两天，是她的生日，他和她的一帮女闺蜜出去玩，聚会上她的一个闺蜜刚一见面就夸他：

"你对她真好呀，那么贵的香水说送就送，听说还不算生日礼物是吗？"

他傻愣地站在那儿，一时间没好意思说话，只见自己的女朋友游刃有余地打着圆场，说："哎呀,这算什么呀？"然后整个聚会，他都配合着哭和笑，心里依旧为那件事而膈应。

因为从头至尾，他都没有见到那条朋友圈，事情的转机在几天后的晚上。

她让他帮她修平板电脑，他不小心就看见她未关闭的QQ。

有个男生发消息问她：

"看你朋友圈那个香水，谁送给你的呀？"

"一个在追我的男生啊，说公司刚发了奖金，提前送我的生日礼物。"她回道。

他整个人都蒙了，也不管什么隐私问题了，不由自主地点开了她的空间，发现她的空间和朋友圈基本是同步发送消息的，但空间里的"分组可见"，赫然在目——

女闺蜜是一个分组；

她身边的男同事、男性朋友是一组；

而他，被单独放在了一组。

他来回翻看那些再熟悉不过的动态，发现很多都是只给自己一个人看的，而与此同时她活在别的分组里的样子，让他格外陌生。

比如她经常发一些照片，边边角角故意露出一些奢饰品的物件和袋子，但其实很多都不是她自己花钱买的。

"我也不是反对她有虚荣心。的确，我现在的能力也没办法满足她的虚荣，但她收着别人的东西挂上了我的自尊算什么一回事呢？现如今，她的所有女闺蜜都知道她有男朋友，她所有的男性朋友却全都不知道我的存在，两边人也确实没有交集，但这样的她，让我觉得很可怕……"

讲到这里，突然让我想到一个很贴切的词：两面三刀。

是啊，有句话说得好："人不该追求超过自己身份的东西。"

而他女朋友的行为，说白了就是在骑驴找马。

我听说过一种情商很高的女生：

她们在女生面前摆出一副女汉子的架势，因为女生不喜欢跟比她们更温柔更造作的人做朋友，而到了男生那边就瞬间成了认不清路，瓶盖也扭不开的"傻白甜"，因为男生更喜欢比自己弱一些的女孩子，以便自己的能力得到承认。

我不否认，这样的女生的确很攻于心计，但她们忘了——这种强烈的反差一旦碰撞，便会一发不可收拾。

比如现在，他果断和她说了分手，而她苦于钻营的那些男生，其实也没有特别把她当回事，她现在只能一个人。

其实促使他跟她决绝分手的，还有一件事：

就是有一天晚上，异地的他给她打电话，她接连挂断了好几次，事后她说是在和她弟弟看电影，还给他发了她和弟弟在影院的照片。

可他问她看什么电影的时候，她说了一个明明只有2D的电影，而图片里的她和弟弟却戴着3D眼镜。

他说："我实在是不想听她解释了，再被骗下去，我就真的是全世界第一傻。"

其实之前有一次也是这样，她发给他看的朋友圈显示，她在和妈妈逛街，可是事实上，她却和另一个男生在外面吃夜宵，还跟他美其名曰地解释——

"我怕你担心呀。"

亲爱的，你担心我的方式可真特别。

算了吧，别再骗人骗己了好吗？你怕我担心还瞒着我单独和别的男人出去？你是怕别人觉得你自己过得不好吧？你是希望别的男人都觉得你很贵吧？

你选择了一个人，就等于选择了这个人的全部，你要的你们可以一起努力去赢得就好，何必要用这样的方式替你男友"省钱省心"呢？

简单点，做人和发朋友圈的方式简单点，你说你那么能演戏，难不成是有演出费吗？

说实在的，这个时代谁都难免有一些表演欲，小虚荣，这全都无可厚非，但你打着"怕我担心爱我的旗号"，变相出轨，吃着碗里的老实人、享受着锅里的花式"示好"，还一边盯着桌外大千世界的自由，坦白说，你这就是煤炉里那一粒渣的典型代表。

　　如若我以后遇到的所有人都如你这般，那我觉得，我一生未遇所爱，也未必不是老天的一种仁慈。

如何分辨
"套路"和"真心"

"套路"本身并不坏,坏的是没有明确目的性。

1.

昨天朋友Z给我发来一堆截图,是她和刚刚表白失败的男生的聊天记录,她语气很是怯懦地和我说:

"我以为他会喜欢上我呢,但好像没有,你帮我分析分析看,我感觉我被套路了。"

聊天记录上,Z每天都在给男生送东西,有她自己喜欢吃的甜食、逛街看到的小礼物,甚至把自己亲手一个一个剥下来的石榴装在一个乐扣保鲜盒里,但男生都照单全收概不退还。

男生还偶尔来一次小抱怨作业多,Z就说那我帮你写。

后来,男生还约了Z单独去酒吧喝酒,两个人靠得很近,话题也时不时就往敏感点上冲,可当Z明确向他表白的时候,男生却只是抱了她一下说:

"我这半年不打算恋爱的。"

可他拒绝了她申请的女朋友身份，但没有拒绝她。

听完Z的这一席话后我笑了，他既然不同意你追他，那他是瞎了吗？怎么还对你的好默许收下后视而不见？单独约你出去又是什么居心呢？

"我其实刚刚没说完，还有后续呢。"

果然，Z之后越陷愈深，越是得不到的，不甘心的，就越想拿下，于是她屡次以身试险，每天早晚安发着，小礼物持续送上，然后突然有一天她停了这一切，男生终于起了疑心。

他主动跑去找了Z，Z误以为是自己的小聪明有了成效，他终究是喜欢她的，但真相是男生只是习惯了她给的好，她以为自己套路很深，最终把自己也给搭了进去。

上床不是什么值得批判的事，但不明不白的和一个未确定关系的人上床，简直会悔得肠子都青了。

其实，这个男生的套路也是弱得挺明显的，但当局者迷，Z让爱慕蒙蔽了双眼罢了，她选择了自己希望相信的，男生就恰好利用了这一点。

2.

那么到底如何分辨套路和真心呢？

"真心"＝"野心"，说明我是有明确目的性、只拿自己想拿的，我喜欢你就是想得到你，哪怕你劝我3P，我分分钟就会拒绝，因为我只图和你一个人发展的远近，这叫作"我真心爱你"。

"套路"＝"贪婪"，说明其实我也不清楚自己究竟想要什么，广撒网，有小鱼吃小鱼，没有小鱼吃虾米，得不到你有了别人我也很乐意啊。

"套路"就是永远不管够，你不是应有尽有没关系，我偏偏来者不拒。

她形容"男生是学校里公认的男神"的时候，我其实已经知道这段关系是不对等的了，女生把自己的姿态放得太低，男生更容易趁虚而入，连关系还没给你打牢呢，就想先得到你。

所以，辨别是套路还是真心，一你要确定你们的关系是"爱情"，不是别的，二才是不贪婪的爱情。

至于施展的招式，那真是"求仁得仁"了。

段位低的，也许你在绿灯快变红了前牵起她的手小跑一阵，她就爱上了你了；

段位高的，也许你需要买个某大楼广告位，大字幕显示"XX我爱你"，等全人类都感动了，她也不一定笑着接受。

哦，对了，也有可能你什么都不做，打翻个玻璃杯子她就爱上你了，因为你颜值高啊……而当你发现自己真的对她喜欢不起来，她却开始昭告全世界骂你渣男，就此你背上了"套路王"的罪名，可你明明还什么都没做啊！

女生哭着喊："说好的两相情愿呢？"这里就真的是小姑娘自己脑补太多了，人家好像从没跟你说过要和你在一起呀。

所以，究竟是不是套路，不但要看"施展方"自己有没有动心，更要看"被受用"的那一方是不是心甘情愿的。

你甘愿的，就不算套路。

3.

当然，不管是套路还是真心，你都不得不承认一个共性——有所图。

你知道吗？英文里"爱"原本就取自梵文里"拉巴"（Lobha），而"拉巴"的意思就是"贪图"。

男人追女人，不外乎就是脸蛋、身材、性格和精神层面的共识了，女人亦是，也许是一个温馨的港湾，抑或是想拥有某种高质量的生活，这都无可厚非。

至于你形容为什么喜欢一个人的理由，诸如"他很成熟、很有安全感……"都是一个令人能接受的说法罢了，而最真实的理由我们各自心知肚明就好，毕竟互利互惠才是生存之道，谁也没必要扒开给对方看，弄出个你死我亡。

毕竟"分手"就是因为——至少一方，发现从对方身上已经无"利"可图了。

你说我约你吃饭看电影到深夜顺便开房是套路，我还说你化妆喷浓香水戴首饰是套路呢？

所以，是套路还是真心，一千个人心中有一千个哈姆雷特。

我们要做的，应该是鼓励男人女人用一些已经"不成文"的规则去爱对方，那样会使得双方受益，爱得其所，不会沦为"一个人生活比爱你更舒服"这么烂的境况。

· 你文笔很烂我强求你必须写一封蹩脚的情书，那叫玩套路；

· 我厨艺精湛却为你做砸了一次得心应手的饭，却存有真心。

"英雄还不问出处"呢，我们真的别计较施展方到底做了什么，而是看他到底做这件事是出于明确的目的，是骑驴找马式的打保龄球，还是为了一只高尔夫球被抛出的远近而发愁。

是的，爱一点都不无私，我们就是很自私，但是一种"定向"的自私，我要的你不给我那就不必了，毕竟我也不是"贪吃蛇"，撑出来个胃胀气更不值。

我们现在就是该尽力斩妖除魔、升级打怪，跟自己多较一份劲儿，把自己变好了——头发多梳两回、英语单词多记几个、周末少贪睡两个钟头。

那样哪怕被"套路"了，也算是打入了终极boss的老巢，佛挡杀佛，见招拆招，最终真心一定会如期而至。

我希望你张弛有度，爱有所得，别把"贪婪"当套路使得悠然自得，也别整天把时间都浪费在揣摩这个人对你究竟是套路还是真心上了。

当然，最后还是要劝一句：物理上告诉我们，力的作用是相互的，万事只按套路出牌，总有一天你会沦为自己的套中人。

女人的哪些行为可以看出
她接触了很多男人

她不论和何种关系的男人在一起时，从不伤他们的脸面，用"说好话"式的鼓励代替"在立场上占上风"。

这是"接触过很多男人"的女人之一。

我以前热衷和男朋友三天一小吵，五天一大吵，半个月冷战一次，有一次，男朋友因为没回我信息却发了条朋友圈被我看到后，我就气得三天不理他，我一直忍气吞声，直到三天后的大清早，他屁颠屁颠地给我发了自己在健身的图片，还龇牙咧嘴地附上一句：

"怎么样？还不错吧。"

当我看到他一副玩世不恭的样子，就像之前的冷战和矛盾都没发生过似的，便气到胃疼，我把这些告诉圆圆，她竟然轻描淡写地说：

"你不知道吗？其实呀，男人都是这样的，他们哪怕认识到错误也很难低下头承认，甚至会习惯性逃避。"

她说她一开始也不懂这些，是在与历任男朋友和男性朋友的相处中慢慢发现的。

男人把自尊看得比我们想象中的还重很多，他们认为"弱肉强食"，所以几乎是以"自尊"为精神食粮的物种，尤其是在心爱的女人面前。

接着我听了圆圆教给我的，顺着男朋友的话题聊下去，夸奖他最近的身材控制得不错，一直到我们情绪都缓和了，再适当提出上次的矛盾点，一起齐心协力地解开难题，而不是像从前一样一旦发现一点"鸡毛蒜皮"的小事就倍加指责。

诸如"你不能这样""你别这么跟我说话""你怎么什么事都做得不好看"。

简而言之，少用否定词，多说暖心话。

这世界既然存在一语双关，就存在更好的表达方式，所以女人永远别忘了：

什么场合下，都记得给男人的颜面留点余地。

事实上，若想保持一个稳定的恋爱关系，就更要懂得"睁一只眼闭一只眼"，这个技巧是告诉你在感情里太敏感就是错，刻意计较一些本身无关痛痒的"错在谁"，反而得不偿失。

我印象里曾经的圆圆，是个对男朋友很苛刻的人：

· 他玩游戏的时间她都要掐表；

· 他得记住她所爱的颜色和口味；

· 不准他在她面前抽烟。

直到他们有一次一起逛街的时候，因为他没有在约见面的地点一眼认出来她，她就当街大发脾气，大力地摔了身上的包和购物袋，徒留他一个人尴尬地站在原地。

他在这段关系里死撑够了，便再也没理由接下去。

是她亲手制造了这段感情的死亡，可不是每样东西都能像玩游戏还有复活币可用。

哪怕她事后冷静下来反观这一切，她哭着喊着努力想挽回，他也再没给她机会。

他工作期间还接了你的电话，因此回复得不够专心，你就一棒子否定了别人的认真；

他每天都往你上班的背包里偷偷塞小零食，直到有一天他忘了，你就"得寸进尺"般地口诛笔伐；

他定点向你说晚安，某天却碍于工作太困先睡着了，你就满身怨气。

……

别忘了，狗急了会跳墙，脾气再好的人也有爆发的一天。

如今我终于明白了的圆圆为何在人群中总给人"独树一帜"的感觉——她懂得如何在与异性相处中避免让别人失望，明白每个人都渴望爱和被爱，熟知"吝啬赞美"就等于"谋杀感情"，她能将"表达欲"运用自如。

这时候我竟想替她曾经的任性上一炷香，祭奠那些我们逝去的一腔孤勇，然后悉数着未来的美好，挨个拥抱。

很久以前听过一句话，印象特别深刻：

我们没有面对自己的地方，就成为我们的命运。

它用在感情里也是同理可得，我们如果不去面对那些感情里给对方的伤害，那些伤害就越积越深，直到某一天在一瞬间爆发。

我希望你能在未来做一个"眼观六路"的姑娘，善于体会身边男性朋友的一举一动，如孙悟空一般随机应变着，毕竟没人不爱"糖衣炮弹"，哪怕只是甜蜜的伤口，也更易接受。

因为你知道的，不经营的感情，最终也至多只会落得个删繁就简的下场。

毕竟天冷时，感情里的"热水袋"有没有是一回事，他要不要，是另外一回事。

为什么相比要强的女生，男生更喜欢软妹子

1.

万物生，皆不同。

火锅还分九宫格、麻辣烫还是串串呢，更何况女人这么高深莫测的物种了。

简化来说，即可分为"大女人"和"小女人"。

有句话说得好——你喜欢什么样的人，你就是什么样的人。

其实它并不是想表达"你喜欢强的你就气如斗牛、排山倒海了"，而这可能恰恰是你身体里匮乏的一种东西，就像你爱吃甜正是因为你体内缺了甜。

因此，原来一切看似荒唐的事，皆变得残留蛛丝，有迹可循。

四子姐姐就是个出了名的女强人，HR高管、身高170、体重刚过百、号称"人事部里颜值最高，高颜值里最会做事"的女人，两年前，她风风光光把自己嫁出去了，但对象让我们都傻了眼，他是那种一眼看过去不太能记得住，更称不上惊艳的男人。

细一问，果然收了她的男人并没有多有钱，他全身上下最大的

优点就是对她好。

特别好。

好到什么程度呢？他在她得了重病，卧床不起的三年里，坚持每日都送饭来医院，没有一日落下，照顾她的同时并且还有自己的工作，有时候"没空"这两字，真的只是没那么在意的另一种说法罢了。

你说这事情轮到谁谁不感动啊？

在你跌进最低谷的时候，竟然有人日复一日地全心全意地为你端茶倒水、加油打气。

都说男人是有爱情的，而女人没有，女人是谁对她好，她就跟谁走了。

我想了半天，发现这句话是真的。

2.

"你以后找对象千万不要找那些特别有权有势的，他们并不会把真心掏给你的，但你姐夫就是全心全意对我的。"后来四子姐这么跟我说的时候，我却不置可否。

但偏偏就是当初眉宇里分外"笃定"的她，最近突然说自己快离婚了，原来这看似脚踏实地一步步走到坚不可摧的感情，终究却也逃不过小三插足的宿命。

而这个小三，正是题主所说的"要强的女人"。

你说这有点不对吧？四子姐姐不是个不折不扣的女强人吗？

你可能还会说，这个男人真渣，有了这样好的感情还不去珍惜，但其实我想说：可能真的不怪这个男人。

他自始至终追求的都是一种"大女人"，所以当初他确定了四子姐姐是自己的真爱，便可一腔孤勇式的撒丫子去追去爱，他真的对她持续好过，一切不过是婚后他发现她变了。

原来她的强势不过是"色厉内荏"，他们结婚后，她分分钟卸下所有盔甲，成了一个万事依附于他的"小女人"。

所以男人也很懊恼，也在深夜因歉疚而长叹，但就像欺骗不了自己的口一样，他骗不过自己。

所以这段感情里，谁都没有错，谁也都有错，只是我们都忘了说清楚当初在一起的契机究竟是什么。

你说，究竟是为什么啊？明明是同一个人啊。

那么现在他们面临是分手还是小心复合，全都只是在为过去的选择不慎而埋单，但说到底，这个男人心里很清楚，自己是喜欢"大女人"的。

但倘若四子姐姐因此就既往不咎，把自己的面具继续戴上，那最终受伤的还是她自己，毕竟谁也不能违心一辈子。

对此我们只能莫失莫忘那句：岭深常得蛟龙在，梧高自有凤凰栖。

3.

同龄人里有个弟弟跟我说，姐，我最近喜欢上一个女孩子，我问：什么样的啊？

弟弟也是个写字的人，对事物的看法总是和常人不尽相同，所以我特别好奇他会喜欢什么样的女孩子，果不其然——我总觉得她很独特，很酷，喜欢独来独往，各种梗都懂，也是利用网络利用得飞溜，喜欢看书看电影，总之一眼看过去就知道，内心世界特别丰富。

所以你看，喜欢什么样的人，取决于你是什么样的人，不能因为你看见了飞鸟，就断定这世界没有草木虫鱼。

拜托，这个世界很酷的，别一杆子打死那些渴望接触完十二星座、各种血型和世界地图的男孩子了。

与套路很深的人交往
是种怎样的体验

"尽管是他们对不起你，但你仍然无力去斥责，他们看似给了你选择权，实则你要么忍受，要么自行离开。"

那些懂套路的最高境界是——根本不觉得自己在套路。

简称：渣，而不自知。

朋友米米是个写剧本的，可是她连自己的生活剧本都无能为力，她喜欢的那个男孩子，陈默。一个很懂套路的人。

他对待感情可以说是，进退得体，得心应手。

我当然是知道陈默的，毕竟米米在谁面前必定三句话离不掉他，她的朋友圈也是每隔三条必有一条她和他的合照。

他也是电影和时尚圈的，平常会接触很多很多模特、演员、制片……总之，好看的女孩子。

稍微分析一下他的套路：

1. 表面人畜无害，无心地去对任何人都好，然后等别人对他死心塌地，他就收手。

好到什么地步呢？用米米的话来说——好到使你的生活离不

开他。

印象最深的是，米米从香港飞回来，行李丢了，里面有重要文件，急得要命，她在微信上跟陈默说了之后，没到半个小时，就有机场的工作人员打电话给她，说找到了。

陈默就是那种——默默帮你搞定一切送到你手上，从背后抱住你，在你耳边轻声呢喃"我来保护你"的那种，女孩子最无可抵抗的人。

但同样的情况，米米之前的男朋友，就好像个榆木脑袋，在微信那头百无聊赖地安抚：

"没事儿的，明天一定会找回来的，要不你再等等？别急。"

这差别一下子就显现了。

他对你也很有"呵护感"，米米出门必带充电线和两个充电宝的"过度防范"就是因为他养成的。

"保持电量充裕，别让我找不着你，担心。"

2. 你很难看到他们的狼狈之处。

哪怕你能看到的不堪，那也是他们带有目的性的，刻意想让你看到的。

比如说自己的"苦情史"，曾经也就那么一次认真对过一个人，还被他拿来当套路女孩子的案例，让她们动之以情，不必晓之以理。

3. 在一起是真的很舒服，很开心。

不会上来就动刀动枪动手脚，能等。

和陈默出去玩，基本上可以不用带脑子，很安心，一切都很妥帖，玩的过程中也很尽兴，几乎可以像个小孩子抛却一切，有种回到过去的感觉。

可也正因为此，他们这类人由于很讨女孩子喜欢，又不太会拒绝别人，向往自由，喜欢江湖气息。

久而久之，侠气里透露出一股浓浓的渣气。

就在上礼拜某晚，身在日本游玩的米米突然找我聊天，第一句话就是："我好难过阿。"

我说你这漂洋过海的玩还不开心？让我等草芥情何以堪？

"你不知道，这次不一样，陈默回北京和他前女友'约炮'了。"

"那还能忍啊？"我说。

"没有办法啊，毕竟我又不是他女朋友，没资格说啊。"她一脸委屈。

我好奇，问她：你怎么会知道这件事的？她却告诉我，女人的直觉。

接着她告诉我直觉背后坚不可摧的理由：

之前她去陈默北京的家里玩，不小心打碎了一个很好看的花盆，米米愧疚极了，陈默说没事没事前女友送的，不说还好，他这一说，米米更加愧疚了。

……上一段感情里的"遗物"啊。

"那你跟她还联系吗？"米米也不知道怎么的，头脑一热就问出口，那边不假思索地回答，偶尔还会见个面一起吃个饭什么的。

很多时候就是这样，听者有心，米米把他还经常和前女友见面的这件事，翻来覆去地想。

直到那两天她在日本，晚上躺在床上问他在干嘛，他直接给她发了一张自己在家吃饭的照片，米米看到那两份碗筷和菜量，很明显不是自己一个人在家。

她立马开了视频语音功能，陈默那边没到两秒就挂掉了。

"怎么了？"她问。

"没怎么哦，太晚了要睡了。"他连语音都不敢，这时候米米一看，他那边才晚上八点半。

听到这里我突然想起来一句话：

你给我的快乐是真的。你给我的痛苦也是真的。

而就在昨天，米米又说到了这件事，她说：

"我觉得他真的蛮自私的，他让我选，其实我没得选。

我选前进，也就是我说出来的'在一起'他不同意，

我若出于保护自己，选择后退，我们就真的没有然后了。

而我一旦选择了妥协，就会变本加厉，我很清楚他就是这样了，所以必须无条件地纵容他渣。

可这我习惯不了。"

听到这里，我想起上次一起吃饭，她说她无意间看到他朋友圈发过一条我们的合照，但是她自己的手机看不见，她搞不懂他到底有何居心。

我想到她那时候还在纠结，纠结陈默是不是在以他自己的方式爱着她，就感觉很可笑。

说到底，和一个套路太深的人在一起，大抵是明白了——有的好就是钝刀子杀人，不让你死，却让你生不如死吧。

明明知道是个"渣"，
还是一撩就回头

初恋当时跪下来求他，他头也不回；

前女友为他打过两次胎，最后嫌他穷而分手；

后来他玩了数个女孩，遇见了我。

而我对他的好，他觉得是理所应当的，兜兜转转，直到分手的时候才和我说"不过备胎"。

可尽管如此，我明明都知道他是个渣了，还是禁不住一撩就回头。

以上，是一个读者给我微博私信的开头，看完后我只好感叹，戏如人生。

其实这种巨婴一般的男生，根本不需要恋爱，他们并不明白如何爱人，只会伤人。

以下继续用第一人称叙述。

我们谈了一年多。异地恋。

相识在我的生日上，由于一直以来都喜欢有趣的人，而恰恰是他的能说会道，很快攻破了我的心理防线。

可他大我5岁，我还在念大二，他已经毕业工作了，起初我坚信异地恋并没什么，于是每晚我们都视频或者语音聊天，早已习惯了每天向对方说"晚安"，有什么事都会和对方说，好得像一个人似的。

我想起，初中特别喜欢听的一首歌《We Are One》里面说的："我就是你，你就是我，我们已彼此交融。"

我觉得我们就像那首歌所唱的，灵魂在交流，很快就相约了第一次的旅行。

就这样处了很久很久，他的家里人知道了（他家境不好），紧接着迎来了他妈妈的反对，她竟然会认为我还小，会玩弄他儿子的感情？

后来，他带我见了他的家人，妈妈还是一如既往，说话难听，一上来就打探我家里情况——我家里都是单位上班，爸爸经商。

他妈妈听完后"脸色大变"，态度立马缓和很多，给我夹菜添饭，弄得我当时一脸尴尬，没多久就听说，她和亲戚说自己儿子找了个很好的女朋友，甚至催促儿子结婚和生宝宝这件事，我吃惊不已，因为我还在念书。

半年后，我们之间出现了问题，其实现在想想，那根本就不叫问题。

依稀记得那天是凌晨，我们像往常一样语音聊天，我说了我可能没那么快毕业，明年要申请出国交换生。

"你能不能……等我三年？"我几乎是快要哭出来。

他当时就在电话里吼我，骂我自私、说我只为自己考虑，没为他和他家里人想，我不能更绝望了，怎么会这样？

后来，我们开始冷战，他变了好多。

导火索是他父亲的生日，我当时要考试没出席，也没准备礼物，他们一家人这时候开始出现了变化，挑拨离间，让他和我分手。

刚忙完考试，我就特意请了一星期的假飞去见他，可换来的，不过是冷战半个月后告诉我分手，理由是——1. 我妈说我们面相不合。

2. 我有生理需求，你不能满足我，那我只是把你当"备胎"。

3. 和你在一起，只是我用来"忘掉前任"的方式。

说实在的，跟他们这样的"巨婴"分手，有时候是种好事，他们就像黑洞，暗无边际的，一旦有一天逃脱出来喘口气，会发现世界本没那么糟。

说说他那个一直忘不掉的，为他打胎两次的前任吧：

他们是大学在一起将近4年，后来女方嫌他家境不好无奈分手，他和我说，她抽烟喝酒，每天一包烟，常出没夜店酒吧，没和他在一起之前还和不同人睡，她的母亲离了3次婚，姐姐三十几岁了，私生活很乱。

可是即使这样，他还是忘不掉，还是喜欢。

去年我好不容易熬过来了，干过什么傻事就不赘述了，可每当我特别高兴的时候，都有一种"好景不长"的感觉，他再一次打乱我的生活。

我当时遗留在他那儿有一些东西去拿了，没想到他竟然和我提复合，所有的人一定都觉得我不会复合，可是我欺瞒了所有的人。

是的，今年年初我们复合了。

即使曾经出轨的开房照被我撞到，即使，他没过多久，还是死性未改，惦记前女友、暧昧不同妹子、当我可有可无。

后来我觉得真的太煎熬了，熬不住啦！想了很久很久，终于决定放弃了，他竟然在我出国的前一天，以死相逼，我于心不忍，半夜出发见了他。

可是他和我说他是开玩笑的，只是想见我。

他那晚和我说了好多煽情的话呀，说到他自己都哭了，不过，不知眼泪是假的还真的，因为每回都这样。

我还是选择出发了，到了国外，我开始了新生活，他却和以前一样，质疑我，误会我，我们吵架，直到彻彻底底说了再见，删除一切。

连再见都不再说，只是选择离开。

终于离开了，分手了，他开始让我还钱了。

无数次的想占有却不付出也就罢了，还在朋友圈里各种诋毁我，依稀还记得，当时他妈妈和他说过的：

"她还年轻，被伤没事的，你就趁她不知道，赶紧找另个，如果好就结婚，不好就和她在一起。"

我被他父母这样扭曲的教育观给吓到，家境特别不好，还老拿自己的儿子和别人攀比。

尽管如此，他依然自负，想钱想疯了，就做些不靠谱的事情，甚至类似传销，总爱说大话。

在最后的最后，他还不忘在我的心上插一刀，他说——如果有一天，她回来了我会奋不顾身奔向她，但对于你，你就只好滚了，哪怕你怀孕，都还是要滚。

"曾经啊，只是为了把你追到手，才会迁就你，可现在不会了。"

我也不会了，不会再明明知道是个"渣"，他一撩我就回头了。

怎么确定男生追你
是喜欢你还是套路

1. 看他是不是急不可耐地想得到你。

这里并不是说，一定要考验他个三五年，让人家追了你三年才给牵个小手。

那样就成了为了考验而考验，也是对自己欲望的不尊重。

想知道他是不是急于得到你——是看他为你做过的事、对你说话的态度、为了跟你在一起所下的决心等细节上，其中是不是"迫切""不长远"的成分比较多。

朋友喵喵就有过这种经历，她和男生在网上认识，因为共同爱好是拍照，意气相投，刚认识那晚聊到了早上才依依不舍地去睡觉，没到半个月两个人就见面了。

喵喵以为自己已经足够了解他啊，她都知道他那么多的"小秘密"了。

结果刚见面那天，她就被他的甜言蜜语和各种"体现呵护"的小举动给拿下了。

他们在一个很高级的商场见面，他太了解她了，所以他带她到了楼上正在举办的一个摄影展，她的小心脏一下子就被撩动起来，而女生在本身就很激动的情况下，更容易失去理智……

所以当他在旋转楼梯偷吻她的时候，她接受了，没有拒绝；

当他在餐厅等位前，问她要不要考虑在一起的时候，她思量了两分钟，就递出了自己的小手。

那晚他们在小宾馆开了房，第二天醒来后，男生心不在焉的和她吃完饭后，连送她去车站都不想。

"我太忙了，回去公司还有事，你能一个人坐地铁回去吗？"他有点不耐烦了。

"不行，昨晚隐形眼镜水没带，我把它扔了，现在看不见了。"

喵喵听到他这话，委屈极了。

最后男的考虑了几分钟才肯从牙缝里挤出来一句，唉，那我帮你叫个车吧？打个车总共不到一百块，他只想赶紧把她送走，也不愿意再多花一分钟陪她了。

喵喵跑来跟我哭诉，可是有什么办法呢？

路是自己走的，票是自己买的，人是自己爱的，被骗的路数也是自己一口一口尝的。

只是她直到现在也不敢相信，那个人真的舍得骗了她的身子，又骗了心。

其实，"套路"和"真心"两者并不矛盾。

殊不知，很多女孩容易冲昏头脑被套路，就是因为对方给出的"真心太真"，太快交换了彼此的信息点。

她给出的都是真的好的近乎全部的，而对方只是给了自己想展示出的信息，却保留太多。

所以判断一个男人究竟是套路还是真心，重点在于，他愿意和你一起共同分享这个世界的时间有多远。

而不是，跟你第一次见面，他没有吻到你的嘴就因此对你失去了兴趣，他考虑到时间和金钱成本太高，他只是把你当作一个商品来衡量，觉得你性价比太低……

这时候，你大概就懂了，你只是他算计好什么时间抛弃的NPC，他还在等着狩猎他的终极boss。

2．套路也好，喜欢也罢，如果你不喜欢他，他做什么都是白搭。

哪怕你们"哼哧哼哧"在床上相互撕咬，你也会灵魂出窍，用上帝视角漠然看着这一切。

但倘若你特别喜欢他，那就完全不一样了。

当他大半夜问你一句："睡了吗？"

你就奋不顾身地删删减减，最后还只发送了一个字"没"，其实内心早就蹦哒蹦哒到不行了……

对于这种情况，没什么好多说的了。

我切身体会过那种感觉，本来还在想，我怎么可能会喜欢你？

直到那天我从睡梦中被手机几个连环震惊醒，发现都不是你来的消息，失落的我谁也没回，在锁屏的那一刻，我就明白我输了。

所以，你担心再多也是多余，一旦他"真心"想套路你，你还是会乖乖上路。

你哪有时间分得清套路和真心啊，拜托，你喜欢的人主动来撩你你就从了吧？

在庆幸自己还有爱的能力的时候，就多爱几个人吧。

好男人是如何变成
花心渣男的

1.

有一种人，他是同时分饰着"好男人"和"渣男"两种角色的。

你看到的，也许只是视角问题。

他经典的"骗炮"方式是：

先跟你"卖惨"，伪装自己也曾是一只深情boy（俗称好男人），有一段虽时隔已久但不可磨灭的初恋。

女孩子听后"母性大发"，再结合他甜言蜜语连环炮似的攻击，最终不计前嫌地爱他。

而这份爱自然也包括——理解了他在被重伤之后发生的各种渣的行为。

他在无形中让你接受一个既定的事实：他渣，是渣得其所的，是可以被原谅的，是无风不起浪的。

2.

有个女读者跟我说，男朋友和她在一起四个月了，但在此之前，他就一直和一个已婚女人纠缠不清。

"那个女人还说结婚一年后就离婚和他在一起，可是女人反悔了并没有离婚，但他还是放不下。"

而以上，都是她最近几天才知道的。

2016年12月31号半夜1点，男朋友突然打电话给她说，第二天一早跟他去见父母吧？她很惊讶但很快就欣然接受这件事。

"见面之后呢？他有承诺什么吗？"我问。

"没有，什么都没有，他就像个没事儿人似的，又继续过之前的日子。"她无奈。

什么样的日子呢？

·就是他和我约会逛商场，都只顾看自己想买的东西，我说："你给我买一枝花吧？"他说："不买，你这个败家女人。"

·他在任何节假日我生日，连一根毛都没有送过给我，可他的工资是我的两倍还多。

·一起约会就是吃饭，对了，还看过一次电影，电影票还是我买的。

·除夕那晚，他终于舍得给我发了一个6.66的小红包，我给他回了一个13.32，附赠一句"不要你的钱"，他就真的把红包收下了，还回我一个表情"谢谢老板"。

听到这里我不禁感慨了，这男朋友不分手你还真带他回家过年？

她继续说：

"大年初二晚上我和闺蜜在外面玩，他又突然打电话问我在哪，后来那晚我们睡在一起，他睡得很死，我想起除夕晚上一起吃饭时他喝多了才告诉我的手机密码，内心有鬼作祟，于是我打开了他的手机看到了这一切。

我发现那个已婚女人和他的聊天记录就在12月31号傍晚戛然而止，恰恰就是他带我去见父母的那天。

那天的聊天记录里，我发现了'另外一个他'，那是我从没见过的样子。

他苦苦哀求她别不理他的样子，我没见过；

他一句句话里的'想你''爱你'的字眼，我没见过；

他的善解人意，他喝醉后的'肺腑之言'，他把男人的自尊摊开在桌面上的姿态，我统统都没见过。"

他甚至卑微地告诉那个已婚女人："我哪怕自己去死都不会害你的，我只要你关心我一点、在乎我一点，然后我再慢慢去找一个爱我的人度过余生，就够了。"

而读者看完这些，当她看到他们31号之后聊天记录不再更新，还傻傻地抱着幻想会有反转的机会，以为他要洗心革面对自己好。

"如果他现在能立刻回头，抱着我对我比以前好一点，我就能立刻原谅他。"

可是相对的，当她看到他们聊天内容的那一刻就明白——他跟自己聊天的时候，他从来就没有一次性发过这么多感性的话。

的确，他在那个已婚女人面前是个十足的"好男人"，可在她面前就不折不扣的成了个"一毛不拔还妄想骗炮立牌坊的渣男"。

3.

其实，男人"骗炮"这种类似"卖友求荣"的方式之所以屡试不爽，正因为当他能和你聊到这一步的时候，他明白：

是的，你内心深处已经不太反感他了。

他进而展开猛攻，刻意"营造"一种他其实不是一开始就这么渣的，一切只是事出有因的假象。

而你，或许就是那个可以救他的人，能成为那个万里挑一的

"渣男终结者"。

然而，那天他们一起睡过后的清晨，她听见男方母亲打电话让他带自己回家里吃饭，他却在电话里自顾自地替她推托："她下午还有事，就不去了。"

她不甘心，问，所以你中午不陪我一起吃饭吗？

"可我妈中午烧了饭了啊。"他眼里闪着委屈巴巴的光。

她破门而出，等待他至少说一句"路上注意安全""记得吃饭"，却只收到他在背后传来的一句：

"你别，忘了吃药啊。"

这世界最糟糕的：

莫过于当你沉浸其中时，却恍然你曾信以为真的一切，不过出于一场盛大的自我意淫式泡沫。

已经有女朋友了，
但又遇到更喜欢的对象怎么办

"种什么因，得什么果"。

大体来说，如果促使一段感情开始的契机不够靠谱，那结局自然也不会有多好过。

他本来已经有女朋友了，社交平台也都曾毫无保留地公开过她的照片，偶尔发一些他们在一起的小日常。

这，看起来很美。

倒也并不是说为了"秀恩爱虐狗"，就像结婚的时候需要摆宴席，开诚布公地确定一段关系一样。

两人异地，南来北往的，在一起一年了。

"不吵架吗？"我问。

"几乎没有，一见面都觉得来之不易，哪有力气恶语相向啊，有什么矛盾床上解决。"他开玩笑。

这，看起来很美。

可没过多久，临近七夕的时候，他说自己最近喜欢上了另外一个女孩儿，很吸引他的那种，而相反的，他开始觉得女朋友很烦。

新遇上的女孩儿叫笑笑，他说笑笑就是那种很不羁的女孩儿，不需要他特意为她费尽心思做什么，可她女朋友就不一样了：

对他给她买的礼物挑三拣四，香水她不用、化妆品也说够用了，想买一点能用得上的。

两下一对比，他笃定自己更喜欢笑笑。

七夕之前他在网上约笑笑看电影，顺便做他一天女朋友。

"那你女朋友怎么办？"笑笑一脸无所谓。

"我去跟她说。"

"那她还不气疯了吗？那我们岂不是好渣。"

"她会理解的，让我背负所有罪名。"他态度坚定。

笑笑以为，他和她就是那种无疾而终的恋情——两个人在感情里谈不上犯了什么大错，但可能恰恰是一直平淡如水的，突然有一方不爱了，觉得从对方那里"毫无所图"了。

其实这种现象也很常见。

笑笑和他同是处于互联网行业的，两个人有说不完的话，而他女朋友既不做各种自媒体，也对他每天在做的事表示不理解、不能感同身受，那感觉就像是被不喜欢的人表了白，难以跟别人说清楚自己刚刚做的梦一样。

所以笑笑万万没想到，他女朋友并不是这么想的："你看我女朋友不理我了。"

他坦白后，反而怪笑笑。

"那，还见面吗？"

"见啊，当然见，那你要连续当我三天女朋友哦。"

后来在七夕前一天晚上，他和笑笑还在网上打趣，很正常的聊天，两个人都带着一种很奇怪的心理，后来笑笑说，那可能就是猎奇。

他们约好在某个电影院门口直接见，"我明天要早起，就先睡了。"最后他这么说。

结果第二天她一醒来，却收到他留言的消息——我可能得去北京一趟了，她一个人半夜跑出去喝了酒。

抱歉，今天不能陪你了。

昨晚最后和你聊天的是她，我那时候已经睡着了。

笑笑这次是真的对着手机屏幕笑了好一会儿，她说，行，那你去吧，拉黑我前跟我说一声。

他立马打电话过来说，好，那我先"礼貌性"地删了你，等我从北京回来再加你，放心吧，你的号我记得住。

因为事发突然，笑笑那天临时也约不到朋友，就一个人在家里过了一天。

虽然好友删了，但她依然能在社交平台看到他发布的信息，是他和女朋友一起玩得很开心的照片，仿佛一切从没发生过。

笑笑说自己并没有多喜欢他，只是恰好需要有个聊得来的人陪，所以她可以默许这一切。

只不过他毅然决然买当天不打折的机票，花了几百块一路狂飙到机场时给她打的电话，让她不由得心生羡慕。

笑笑有点羡慕她，因为好歹她还有一个能及时赶过去"当面道歉"的男朋友，而对于她自己，却从没有过被那种坚定需要和承认的感觉。

哪怕只有一次。

最后他回来后，笑笑和他见了几次，他们在一起玩得很开心，不谈永远，甚至不求明天，就像两个完全背对着世界的人，只享受当下的欢愉。

可高潮之后总有坠落的。

他把支付宝里的钱全转给了女朋友，还开了免密付，他花的每一分钱她都了如指掌，而对于笑笑，他并没有给她买过什么东西，给过什么承诺，她自己过得很好，也不需要。

他们不是没有好过。

他们好到了，他给笑笑打长途电话，每次都是几个小时不愿意挂那种，甚至到了有一次笑笑说着说着突然睡着了，他也一直边做自己的事边等，期间来了几个电话，他都没敢接的程度；

他总是很自然地说想她："刚去吃饭，看到人长得像你，但她身上没有你的香水味。"

好久了，笑笑一直觉得自己一个人什么都没问题，直到他出现。

·她开始逛街手有人牵；

·过马路前方有车会被提前拽回；

·不再怕服务员投射出奇怪的眼光而不敢进火锅店；

·不怕坐不上车到头来一个人迷途不知返，可是相反的，他把她微信删掉加回来一共五次，但每次都是他删了她，理由是"女朋友马上要来检查"。

当铠甲成为软肋，笑笑才缓过来，原来她一直挺孤单的呢。

笑笑有点不懂的是，不是不爱了吗？为什么非要得念着旧情，维护这么一段如此累的关系呢？

所以最后她再也没办法说服自己，沉溺在这种奇怪的关系里，自己先撤了。

因为他从没给过她一个坚定的眼神。

感情如果一开始就是个错，那就会一直因为那个离谱的缘由错下去，逃不掉的，倘若这时候有一方无法承担其中的后果，结果只能是将错就错。

笑笑说，她想起在一起的时候，他一直以为她特别喜欢吃抹茶。

她说不是，他不信。

其实，笑笑还喜欢吃肉松、菠萝、烤冷面和土豆泥……

但她最喜欢的还是浪味仙儿，在她遇到浪味仙之前，她可能只是恰好先遇到了抹茶而已。

她不是特别喜欢他，只是恰好遇到他。

喜欢一个人喜欢到没有自尊了该怎么自我救赎

"我爱你，那我改好不好？"

这是她重复最多的一句话了。

他是她的第一次，她却不是他的。

"要不，你发点A片给我看吧？"

"我知道自己各方面都配不上你，那目前就只好努力学这个了，我也不再问你有没有别的人了，只要你别被我发现就好了，可以吗？"

说以上这些话的，是我一个大学同学，晨晨，两年前她刚进校，喜欢上了她的一个大学老师。

她是在上选修课时认识他的（非本专业，现在不用上他的课平时不会见面），晨晨说第一次见到他，就很喜欢他的儒雅气质，但是，他已婚有孩子，孩子大概五岁了。

后来她常在微信跟他聊天，一下子没忍住，告诉了他："我好像有点喜欢你。"

一开始那老师也挺小心翼翼的，跟晨晨聊天也绝对不会聊到越界的话题，可打她率先表白那天起……

"我们的话题中，慢慢的有了情色电影、有了性爱。

我没谈过男朋友，他就经常跟我开车，教我自慰，甚至发给我他下半身的裸照，有天，还找我要胸照。"

"然后我们视频裸聊了，他边聊边撸管还要我脱。

我知道是因为我喜欢他，他才会这么肆无忌惮，可每当我傻傻地试图跟他讨论'以后'这个东西的时候——他说，你明明知道我唯一不能给你的就是未来。

我太老了。

没准哪天你就碰到个情投意合的，所以我只适合当调味品，不适合当主菜，作为一个社会人你有自己的责任，而我在有空的时候可以陪你聊天。"

当时我听到这个事情，完全不知道自己能帮晨晨什么，毕竟她所说的都已经发生了，第一次也给了，他却还"委婉"地表达——你活儿不太好啊。

废话，你一出生学拿筷子还要有个过程呢，用这种高姿态高视角侵犯自己的女学生后又嫌弃人家，还好意思张口闭口提什么"社会人"？

"那我改，好不好？"

于是这六个字，第一次的出场的情景就是这样了。

从那以后，晨晨几乎每隔几天，都要用这种卑微到骨子里的语气求他。

有一次，他们事后他带晨晨在外面吃饭，正值他接到了老婆的电话，这位老师拿起手机就睁着眼睛瞎话：

"喂？嗯，我跟教研处的还有几个同学一起吃饭呢，五个人，好，晚上早点回家。"

晨晨在一旁惊呆了，她很生气，尽管她不知道自己有什么理由可以跟他闹。

后来他经常嘲笑她床上技巧太稚嫩，还拿他对其他院下手的女孩子举例，刺激她，说人家同龄人比她技术高超多了。

晨晨很委屈，又一次暗示了是不是她改，就可以了？

"你喜欢什么样的？你发点你觉得好的A片给我好吗？我想学；我错了我错了，以后你和别的女同学在一起，别让我知道就行了……"

你喜欢什么样的，我就把自己改成什么样。

那段时间的晨晨，确实就是每天抱着这么一种畸形的心态去"苟活"。

他还跟晨晨说，他的正常生活里是没有性的，晨晨能感觉到他似乎跟妻子没什么感情。

"我虽然不想破坏他的家庭，但是也希望他能够有时间多关心关心我呀，但是现在的情况下，他连平时跟我见面都不敢，只敢在微信聊，我想要结束这段不正常的关系，可是我真的还蛮喜欢他的，怎么办呀？好痛苦……"

听完晨晨这一席话，那天我说：

你还没有好好谈过一次恋爱呢，就已经跟一个老男人发生过这些了……

你现在还不走出来，那么以后再遇到你喜欢他他也喜欢你的人时，你该怎么跟他交代？你怎么为你们往后的感情负责，你如何对得起你自己？

是啊，又能怎么办呢？

这世界上有一句话能让你一秒坠入地狱，被判死刑的，就是"我不爱你了"。

曾经连身体都可以进入的人，现在朋友圈都进不了。

所以，真的有一句"我改好不好"能挽回的爱情吗？反正最终，晨晨的歇斯底里，不过换来了一句"太晚了"。

现在分手，总好过他不爱你一拖再拖。

听话，就算喜欢不上别人，也别喜欢他了。

为什么前男友们一开始都很喜欢，过一段时间后就不上心了

一个人吃得太饱不会感激只会厌食。

所以，你对一个人用心过头，只会加速他对你的厌倦。

薇薇的现男朋友是个军人，但她是这么跟我形容他的：

"再这样下去，我也保不齐，他马上要被列入我前男友战队中的一员了。"

薇薇不是那种花心的人。

在感情里，她是典型的付出型人格。

他们是大学军训时认识的，相处了大半年才确立关系，记得那天是他表的白，她也有好感，一切看起来顺理成章。

他们刚在一起的时候——

·他每天都绞尽脑汁能多陪她一会儿，即使学校管理严，也会想尽办法逃出来跟她见面，哪怕，一天最多几个小时。

·暑假前，他带薇薇去同学聚餐，大大方方地搂着薇薇把她介绍给他的朋友，分别的时候，他抱着她哭，他很少哭，薇薇说：

"那一刻，我是信的，信他对我的感情多真多真，认定了他是

我想要走一辈子的人。"

·7、8两月他去了部队实习，收了手机，他们一直没有联系，他就跟回归原始人似的，拿起纸笔，给薇薇写信。

这一年，信件依旧很慢。

可薇薇每次收到后，一个字一个字来来回回读几遍，生怕放过每一个他宠她的细节。

这两个月里，想念的刺一直盯着薇薇不放，可好像，他离开的时候，连想念都成了一种错。

终于熬到了8月底，他们约好一起去杭州。

薇薇瞒着家里，从深圳到杭州。

在杭州的那四五天里，他们真的好得跟一个人似的。

她把第一次给他了，她说，因为爱啊，自己也没有什么后悔的，反而觉得，两个人会更好了。

9月初薇薇回学校，男孩去了一个蛮远的城市再培训一年，跟上学差不多，那期间他们很少视频，基本都是QQ和微信聊天。

国庆，他给薇薇买票去他的学校看他，没买到高铁票，薇薇就一鼓作气坐了整整18小时的火车见他。

都说了，满屏情话，不如一见。

"见到他的那一刻，他给我的快乐是真的，之前积攒的痛苦也都被统统秒杀了。"

可你知道：人啊，都喜欢挑战、喜欢仰望、喜欢得不到的。

如果爱情是100分，你只给他10分，他可能就有90分的炽热；

但你给了90分，那就只能再为他在身上多插两根贱骨头了。

这场拉锯战，谁冷谁赢。

我知道你可能会说，这么计较谁比谁分数高干嘛啊？

可真情本来就该计较的，总有那么一个人，他说什么，你都计较，他做什么，你都计较。

然后他抛弃你了。

后来回家过年，他天天打游戏，几乎不主动联系薇薇了。

薇薇隐忍着，2月14号情人节，她带着失落和伤心独自奔赴他家所在的城市，还是个大学生啊，来回高铁1400块也都是她自己出的。

这些他全程不知道，她记得很清楚，那天，她坐了一天的车，从早上7点，到下午6点，从日出到日落。

"我来找你了。"她说。

他在电话里愣了几秒，却给薇薇一个路线，让她自己坐地铁过去……来到一个陌生的城市，薇薇多少是怕的，可更多的情绪是生气，生气代表一个人认真了，她一个人，赌气地站在过安检的地方，想着："要不，回去吧？这么不值得。"

可这时候他又打来一个电话，关切地问道，到哪里了？

她想，算了算了，来都来了。

果然见到他的那一秒，她之前所有的委屈都一哄而散了，其实她很想把那些不堪说给他听，不求有多少回报，但求他能懂她的付出就好。

可她完完整整地咽了回去，就像个还未出生的死婴。

他捧着玫瑰花，她知道那就是情人节礼物了，可他怎么不想想，这来回的车费也够她给自己买多少枝玫瑰了？

可一切又那样循环播放了。

接下来的4天，薇薇看着他打游戏、看游戏直播，总之他的眼睛几乎没离开过屏幕，他也没有多陪薇薇说说话，甚至没正眼瞧过她，就任她一个人随便干什么。

这种随便，叫作不在意。

然而很多时候，感情这个东西，你也真的别怪自己看得太重。

你就是没出息，所以才连个不爱你的人都放不下。

最后一天，薇薇送他去上学，在他们学校门口，她哭得像个刚从沙漠里出来的、没见过水的人。

她看着他进去了，他却没有回头看她一眼，薇薇一个人回到商场那里打车，一路还是忍不住的哭，司机是个阿姨，见她哭得伤心，一路安慰。

她想啊，连一个和我毫无瓜葛地陌生人都能那么关心我，现在你真的比陌生人还陌生。

她当初是怎么一个人坐高铁来，现在就怎么一个人原封不动地回去。

挽回吗？她试过，可他根本没交出机会。

后来他们不再视频、不再彻夜聊天、不再因为想念而大半夜偷偷跑出来只为见上一面……

没有。全都没有，就仿佛一切从未发生过。

期间他"改过自新"过一次，大概从头至尾持续不到一周，又恢复了那副装聋作哑的死样子。

为你，千千万万次。

薇薇这时候才醒悟：原来那些她花了好久才想明白的事，总能会被他偶尔的"变好"全部推翻。

她生病了，他知道后，继续游戏，只是游戏。

"真不知道我到底是杀了人，还是放了火，能让你这样躲着我。"是啊，我一直往前走有什么用呢？又不能打断他的腿，阻止他朝后退。

记得微博上有一句很火的话——"爱情最残忍的地方在于，从它发生的最初就已经到达巅峰。

那种怦然心动，那种想要收割对方的强烈欲望，那种迫不及待想要到达未来的期许，都在恋爱的开始就已经被预支，从此往后，再怎么走都是下坡路。"

以前我不信，现在，我信了。

"离开他以后，
我过得很好"

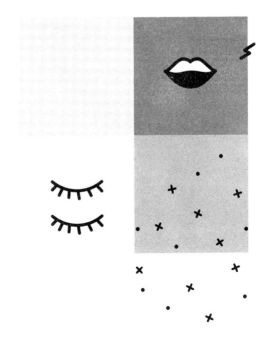

——从来没害怕谁会走，反正谁来的时候也没说过要久留。

和喜欢的人提分手是一种什么体验

提分手的是我，说要走的是我，删好友的是我。

可是为什么？

就连"彻夜难眠"和"哭成狗"的也是我。

我感到难过，倒不是因为你一而再再而三地欺骗，不是你屡次歉疚后的不知悔改，而是我已经失去相信你的这种能力了。

事到如今。

我终于肯原谅你了，你也终于没那么重要了。

我不是那种爱把"分手"挂在嘴边的人。

·可当我们上一秒才刚结束了上一回的冷战，你却在下一秒又消失不见的时候；

·当"原谅"这款游戏，在我们之间历经第八百个回合的时候；

·当"失望"就如同一枚枚硬币，终于积攒到一张车票的时候……

所以我决定离开了。

那天，我等他到半夜两点。

"莞莞你先眯一会儿，三个半小时后以后再起来好吗？"

是的，他让我半夜两点睡觉，早上五点半再起来，只为了和他打电话。

他总是很晚回家，而这一次是我们冷战刚结束的晚上，他说要我等他回家后，给我解释。

可这一天我实在太累了，但他丝毫没有体谅我的情绪。

半夜十二点的时候，我问他几点回家。

他说，你等不及了吗？

我说，是。

紧接着半夜一点的时候，他问我生气了吗。

我也说是。

原来他不是不懂，只是从不付诸行动。

以前我总是嘴上说着"不生气""我等你""没关系"，他好像真的以为就是那样。

于是每一次，当我终于写完了东西，刷完了剧，好容易真的等到早上5点，等到他终于回到家，等到我们还没说上几句话……

他却为了能让自己不被打扰地吃个早饭，劝我睡觉，我忽然觉得自己的等待，在别人眼里不过一个可有可无的笑柄。

所以这一回我毫不含糊地说了实话，可得到了什么呢？

· 我听到电话那头，他还在兴奋地和别人玩"狼人杀"的叫喊；

· 听到他激动地跟我说，刚刚自己在游戏中被"首毒"的不甘；

· 最后我还顺便听到自己瞬间心碎的声音。

你大概想象不到，和他在一起后，我有多少次为了等他回来，刻意不睡，硬生生把作息调到了每天早上五六点。

我才懂，原来"最爱你的人"和"走得最决绝"的人，往往是同一个。

朋友都说他不好，可我好像一点都不知道。

因为他的对不起，总能给我无限勇气，所以我一次次选择蒙着眼睛继续相信，还以为等待总有奇迹。

我还对他的安慰过分着迷，却忘了当初他的心是不让我受一丁点委屈。

印象最深的一次，我本来在等最后一班公交车的时候和他通话，但他不想挂，车上太多人太吵，我怕和他说话听不清，就眼睁睁地看着我等了二十分钟的车从我眼前驶过。

后来我终于打上了车，他却因为朋友来找他玩，匆匆把电话挂断。

这些小细节，在我提分手的那一瞬间，通通涌上心头，它们排着队告诉我：

"你值得睡一个好觉，别再为那个睡得很香的人失眠。"

一直以来我最担心的事，还是发生了：我不怕他不爱我，就怕连我都想通了，觉得不值得了，那我们可能就真的没戏了。

拜托，我能有多骄傲呢？明明不堪一击好不好。

我知道这世界上有太多人，可他只有一个，所以我一忍再忍，小心翼翼地把他供上神坛，但还是不可避免地，看着他离我越来越远，我终于还是成为一个小心翼翼的讨好者，而不是有七情六欲的正常恋人。

原来时间真正的绝情之处是，它让你熬到真相，却不给你任何补偿。

但真的很抱歉，现在我连"我爱你"都不在意了，也就更不会在意，你是不是还爱我了。

别再因为回忆的美好，而作茧自缚了。

所有回忆都带着潮湿，它们除了掏空你，百无一用。

天天担心害怕失去你的人
为什么最后会先离开

1.

上个月，我终于说出了分手。

爱情这件事挺奇妙的，因为更多时候说分手的那个偏偏爱着，不爱的那个用沉默回答。

和他在一起后，我学会了一个在网上聊天不会显得特别冷场的技能，就是把十五个字的一句话，分割成三四次发过去。

"你好我也好。"是他给我发的最后一句话。

当时我在沙滩上用心写了几行字，换角度配合海上光线拍照，小心翼翼地挑了最好看的两张发给他，可他隔了很久很久，只回了我这五个字。

没有更多消息，语气里满是敷衍。

真的，我不是仅仅这样就想闹分手的，因为这样的情况在过去屡见不鲜。

后来那天我和朋友很晚了才回酒店，打开手机新消息不少，可他的那一栏空荡荡，我发了一长串话过去，大意是让彼此冷静一下，第二天醒来我以为他至少会说一两句对这段感情的"失败感言"，可依然是空荡荡。

我知道，过两天肯定又要循环那场戏了……

"消失啦？"

"这本书不错。"

"最近写了啥，发给我看看。"

每一次争吵或冷战后，他总是选择不解释、不沟通、不上心，再细一点问他吧，也只会换来闪烁其词。

不是没放低过姿态啊，也想去和他把话说开，却向来以未果告终。

想着给自己留最后一点自尊吧，不去找他了？可那几天里小心脏像被挂在绞肉机里在不断被粉碎，而他就好像人间蒸发了一样。

有时候我会变得精神分裂；

有时候会等一条消息等到生无可恋时，特别同意太宰治那句："生而为人，对不起"；

有时候看着聊天记录后来全剩我一个人的喃喃自语，放纵焦躁症和失心疯齐头并进。

我开始把一切责任都往自己身上推。

后来等我好不容易适应这种情况，想要就此渐渐疏远。

"我回来了。"他说。

他拿刚刚引号里的那些话打头，和没事人一样的出现，很突兀、上下文联系不上，仿佛之前的一切矛盾被樟脑丸给吞了，或者，干脆粗暴地扔给我一个表情，等我去开启下文。

他总是这么洒脱，在我的世界里，想来就来，想走就走。

"算了算了，干嘛这么小气呀？"

"别跟自己较那份劲了，你看他都来找你了。"

"他一定是之前太忙了吧，一定是。"

"磨合期，你要挺住啊！"

……

如果把我给他找过的借口出一本合集，那估计都能给《一个陌生女人的来信》再版了。

好不容易等我跟自己打斗完毕，我也终于狠下心来冰释前嫌，回应一个"黄段子"招式的表情，他能立刻接招。

可我再一表现出自己想聊更多的时候，他又消失了。

一旦他发现："噢，这傻丫头又原谅我了啊。"马上又转换成了平均每小时回复一次，一次就是好几条连环炮似的炸过来，好像这样就可以表现出："喂，你看，我真的有在乎你，而且一次并没有只回一个哦。"

你会发现——细数下来他给的消息连在一起，还没我一条发的长；

我发的每一条信息都仔仔细细检查语句是否妥当、有没有错别字、会不会触碰到什么禁忌，我是抱有玩命性质，而他，只是随手拿起来发几句行色匆忙的语音只当玩票。

他就是那种——在你徘徊很久都视而不见，

在你狠心转身的那一刻却又跑过来抱着你，

在你一次又一次原谅回头后他却笑着甩开你的手、大步向前走的人。

我这才恍然：

原来，所有的好聚好散都是蓄谋已久，所有的分手都是积攒了由来已久的失望，当你把这些失望们一把把地堆起来，可能野火也烧不尽。

那些燃烧着的失望们的灵魂还会告诉你：其实他早就不爱你了。

2.

我记得很清楚，一开始并不是这样的。

·刚追我的时候，从不比我早睡，第二天还能在你醒来后就递上热乎乎的早饭。

·我发烧了，他虽然赶不来看我，但他会一直守着手机陪你聊天，不小心睡着了还会跟我一个劲"对不起太困了刚刚……"那样道歉。

·我无意间说到想去哪里玩，连自己都忘了，他却能过两天发来一篇微信图文，"宝贝，这是我问了好几个旅游方面的朋友，还有自己查资料做的，你看看想不想去？"

你随手打开，会发现从排版到内容，完全像一个职业新媒体从业员做出来的。

还有还有呢，最开始吃饭的地点，他会搂着我在高级商场带我挨家挨户地看，问我想吃甜的辣的，川菜粤菜？这家吧，这家素食健康，你们女孩子肯定都不拒绝。明明两个人，他点了一桌子的菜，还说："要么吃完了再带你去旁边那家吃甜品好不好？"

那段时间真的都是这样的。

后来，在我给他看的一长串附近的餐馆，他优先指了指快餐厅。

"你不是一直说吃汉堡薯条容易长胖吗？"

"这个快啊。"

"可是我们今天不赶时间啊……"

快餐文化，好像在那一瞬间影射出了我们的感情，高热量、无营养、一击毙命。

我们不是那种朋友圈的感情，甚至身边不少朋友都不知道，但起初我们就达成一致：没关系，自己沉浸在幸福里就好了嘛。

可久而久之。

你侬我侬不在了；

一早醒来的好多条未读消息不在了；

在鬼屋里紧紧拽着我的手不停地回头对我说"没事别怕，有我在"不在了；

连同那颗想和我在一起的心都不在了。

失望。

我开始经常回忆我们最好的时候。

我可以对着过往的聊天记录傻笑一整天，我昂起头笑着和他说起它们，但他竟然连自己说过什么话都记不住了。

他是在等我说分手吧？不然怎么会空留我一个人在"失望笔记"堆里暗自生长呢？

我开始怀疑张爱玲说的，卑微到尘埃里能开出一朵花儿来，那可能是朵食人花吧？

现在我们还是分手了，他得逞了，那一刻心碎的声音一定和对岸的欢呼声旗鼓相当吧。

他若执意走啊，你多发一个表情包都算挽留，所以我决定离开了。

3.

其实真正的原因不在于星座书上说你和他不合，不过是他一次次在外面浪的时候，只顾朋友开心，没有管一个人去看电影的你。

是你还在为他并没有管你而难过到失眠时，他的毫无察觉，发了句"我困了先睡了啊"便杳无音信；

是回信息总是总是那么慢，有开不完的会，见不完的人，但唯独不见你；

是你鼓起勇气想和他心平气和地沟通一回，哪怕最坏也是赤裸相对、给对方刮骨疗伤，他只需一招"漫不经心"，就足已让你觉得多说一句都好像成了负累；

是他在各种纪念日都装糊涂，可是你明明还看到他正在朋友圈写着情人节的段子逗笑。

所以呀，他到底在逗谁呢？

·是你说昨晚又梦到他了，他说宝贝等我打完这局游戏；

·是你无数次的平白无故地道歉，抑或是接受道歉后，他立刻反转给出的冷漠；

·是你们甚至没有一个机会，一个互相配合对方磨合的机会；

·是明明一张车票就能解决的距离，却变成了这趟列车只有一个方向的单行线，你数着钱排队买票翻山越岭地去找他，你们相视而笑便挥挥手，他再不主动来看你。

有人说：

你这叫作。

你有心事不能直接说？非要拐弯抹角的。

大家都是成年人了，何必非争个谁先找的谁？

是你想太多了。

……

真的不是，一个人的心在不在你身上存着，你再冷血也是能感觉得到的。

你们分手，就是因为天平两端测量出来的，已经是一份不对等的感情了，你在这段感情里跑得太快了，而他只想慢慢来，或者干脆待在原地就很好。

他在最开始就把这段感情里该使的劲使完了，往后的日子里都可以坐享其成。

他给的爱，就像没有营养的高能量食品，冲击力强，一次一剂量看起来持久，却导致饿得猝不及防乃至一招毙命。而你，却陷入"只是打了个照面，这颗心就稀巴烂"的可怜境地。

"不怪他对我真的不算好，谁叫我只记得每次见到他时的心跳。"你这么告诉自己，以为失望总会等来期望，却一次又一次的以绝望收手。

谁说我们活在一个每天被迫接受一堆无用而垃圾的信息时代？怎么到他那儿，随随便便一句话就能决定你下一秒进入天堂还是地狱呢？

说真的，离开啊分手啊，从来不是一个突然的决定啊，但做决定的那一刻的理由却可以很突然——也许是浴室没有热水的时候，你也恰好泼我一身冷水，也许是你们同入一个深坑，他拍拍屁股头也不回地走人。

微不足道的稻草重复多了，也真的可以压垮骆驼的。

4.

其实后来我无数次想找回他问一个问题：

假使离开只因性格，下次性格任你选好不好？

不必了。

我都知道答案的，那么多次借口"性格不合"的分手，它们本来就存在另一个名字——由来已久的失望。

恋爱六年以上最后还是分手
是一种怎样的体验

　　"一有任何事情第一个想到的就是他，等到拿起电话才反应过来，他已经不能再在身边帮我解决任何事。"

　　"如果不是他的离开，我可能永远不会知道我骨子里是个有冲劲的女孩子，更不会发现，我的人生，其实是倒着转的。"

　　28岁的蓉蓉跟我说以上这些话时，距离和她恋爱七年的男孩子分手半年了。

　　现在她一个人在北京读书，是的，28岁了，依然在学习，还是想做自己喜欢的事。听到这里我一点也不意外，因为我身边其实不少这样的人。

　　蓉蓉大学是新闻学专业，毕业后去上海工作得顺风顺水，老板和同事都特别看好她，甚至，顶头上司对她"献殷勤"献得有点明显。

　　她拒绝了，拒绝得比人家的"示好"更明显。

　　坦白说，她在当时那个职位上，能力强、长相乖巧讨人喜，如果再有人提携一把，肯定是事业爱情双丰收的，再说了，追她的对象，脸和事业一项不缺。

可这夏天再炽热，热不过爱情。

她大一就在一起的那个男朋友，希望和她以后平平淡淡安安稳稳，共创美好和谐社会：

"要不你回来吧，上海太大了，我们要多久才能买上房啊？"

"你看，小城市多好，现在就能一次付全款买套房，每天舒舒服服上完班，剩余时间都是自己的。省得我隔着屏幕想你。"

省得隔着屏幕想你。

蓉蓉突然就被这最后一句话戳到了，怎么不是呢？她每天加班到很晚，有时候好不容易走到最后一个十字路口，看着霓虹闪烁却没有一道是属于自己的，真的很想蹲下来就不走了。

异地恋啊？不就是异地嘛，哪里难了。

走路的时候拿起电话也可以说几句话；

睡前十分钟开个小视频莺莺燕燕笑笑兮兮；

吃饭的时候打开微信发个想你；

嗯，也就两秒钟……

可一旦对方突然说最近没空，你们就真的陌生了。

蓉蓉一听，没到一个月就果断跟公司辞了职，不要了，不等了，再也不等了，很快她快马加鞭赶到小男友的身边。

因为她在刚工作的这半年里，之前已经受够了异地带来的折磨——你明知道对面需要你，哪怕只是摸一摸头也好，可是你们连脸都没法儿见到，只能一方觉得难受委屈，另一边因无能为力而痛苦万分。

回到小城后，蓉蓉和亲妹妹一起在市中心开了个文眉和美甲店，平日里还在一家私人办学处教书。

男朋友很满意，他白天在旁边县城上个月薪五千的班，朝九晚五，晚上回市中心和她优哉游哉过小日子。

这是他们恋爱第五年的生活。

也许这就是爱情最牛的地方，它能让"连不知足的人"都容易上瘾，但也恰恰因此，让人心没一刻安心。

事情的转变是从买房开始的，没过两年，两人终于从各自的青春融合到一片新大陆，双方家长谈拢后，男朋友又出了一个幺蛾子——不要在市区里买房，他想把房子买在离自己工作两步远的地方。

可我一开始就说了，蓉蓉本来就是个有梦想、敢打拼去闯的女生，她喜欢一切新奇的事物、她想要第一时间获取当季流行的事物，她独立清醒爱自由。

可做人总要有点"我执"的精神，总要对至少一件事"有始有终"吧？

她毅然决然为他放弃了太多了，然而现如今她只是想享受一下市区内的便利，想下楼就可以完成吃饭、逛街、和朋友在咖啡香气熏染的店里谈笑片刻等这一系列很普通的要求，都没办法。

男朋友有多自私呢？他说："这房子不在那里买，我们就分手好了。"

当蓉蓉原封不动地把这句话递给我的时候，我也是虎躯一震，这到底是在谈感情还是在交易？

听说感情里，先认真的就不会赢，以前我不是很信，直到后来看《罗兰小语》里说：

"如果你希望一个人爱你，最好的心理准备就是不要让自己变成非爱他不可。

你要坚强独立，自求多福，让自己成为自己生活的重心，有寄托，有目标，有光辉，有前途……总之，让自己有足够多可以使自己快乐的源泉，然后再准备接受或不接受对方的爱。"

确实是这样的，我要先足够爱自己，才能保证在我接受你这段感情之前就排除了劣根性。

于是因为买房买在哪里这件事，蓉蓉一直迟迟不肯妥协，她觉得她放手太多了，这算是她唯一的坚持了，而她男朋友就像个没事人一样，后面的整整三个月，他很少联系她，她却每天都在想他，她也不希望自己二十几年来最够坚持的一件事就这么"前功尽弃"。

可事实证明，感情的深浅跟时间没什么太大关系，不到最后，不到我们老到走不动了，谁也不确定谁是自己的江湖。

在三个月零一天的时候，蓉蓉终于先伸出了台阶给对方下。

"吃饭了吗？"她像什么都没发生过打给电话给他。

都说先妥协的那个人并不是热衷"服软"，说到底，还不是输给了"爱和在乎"。

"我在相亲了。"那一头熟悉的声音传来这五个字的时候，简直像晴天霹雳。

"你别闹了。我同意你买在那里还不行吗？"

"我这没骗你阿，不信你来XX看。"男的很冷静，似乎是在说着别人的事。

没过几天，蓉蓉在课堂上上课，手机突然来了一条新短信——她怀孕了，那个和我相亲的女孩儿。

听到这里我都呆住了，蓉蓉说她当时就晕过去了，是几个学生把她抬到办公室的，我看着她瘦小的身躯，内心感叹感情真的太难了。

那天她神思不宁地挨到了下班，打个车就到了男朋友那里，看见了自己喜欢的人，和他的现女友，还有他们的即将出生孩子。

顿时梦想，连同梦里的人一起碎了，再也捡不回。

"你知道吗？我当时就感觉他手里攥着一把刀，一进一出、一出一进地捅进我的心，我看着他那一刻的清绝的眼神，竟然想不起这七年里真的爱过我说的一字一句了。"

原来，那个男生在她和他冷战的三个月之前，就已经勾搭上了别的女孩子，还顺便弄出了新生命。

"感情或许真的不必持续太久，毕竟一个人还可以拮据度日，但两个人必心生怨恨。"蓉蓉去北京前，最后这么跟我说。

是啊，"我可以蠢，你不能骗。"

不在一起就不在一起吧，反正一辈子也没多长。

不过就在最近，蓉蓉从微信里又传给我一张合照，她在一个比她小两岁的男孩子肩旁语笑嫣然。

说实话，那一刻我很感谢"感情的重启能力"和强大的"替代性"。

也明白了，并不是那些伤害使你不能再爱，而是你还未遇到一个足够好的人，能够让你去爱罢了。

现在她又去北京一边用心追逐自己的梦想，一边用力去爱，我想起她跟我说的那句：

"谢谢他让我看清了，我的人生原来是倒着来的，并不是简单的毕业工作结婚生子。"

很开心她终于找到了自己一直想要的生活。

或许失去你，比爱你还要开心，这就是所谓的爱情。

恋爱中不合适就分手
是什么心态

东西坏掉的第一反应难道不是去修，却是扔掉吗？

可是明月跟我说，前几天她男朋友在他们开完房后，立刻发短信以"性格不合"为由分手。

"你不要理我了，感情这事不能一厢情愿，咱俩性格不合适，你就不要一直在我这浪费时间了。"

刚回到家，收到男朋友发来这条短信的时候，明月愣了愣神。

原来这么多年，在他看来，她一直只是在浪费时间而已。

恋爱中不适合就分手，尤其是那种"短途恋爱"的，这其中有一种心态是：

因"性格不合"提分手的那一方压根就没爱过你。

他认识了前男友15年，相熟7年，同班4年，同桌1年，却只在一起1个月，这或许就是所谓的"一炮泯恩仇"吧。

真正在一起其实还只是上个月的事情，这一切还历历在目。

他们一直是有一搭没一搭地互吐心事，然后突然两个人就聊得火热，恋爱了。

一开始那两周，两个人在微信上腻得跟糖稀似的，恨不得48小时都泡在手机上聊，好像要一口气弥补这么多年都没有好好珍惜曾经眼前人的缺憾。

直到现在两人异地，才忽然感受到对方的好，他们发现对方和自己是那么的相似，能一秒get到对方的梗，他不说，她也懂。

终于在网络上腻歪了两周后，他忍不住了，要跑来见她，她说：

"你给我写首诗吧，不然来了也不接待。"他就真的在微信上给她耐着性子即刻作诗。

秋风萧瑟秋雨寒
聚时欢乐别时难
愿风带去相思泪
寒宫明月美人盼

诗的最后一句，还应了明月的要求，升华主题点明了她的名字，这一切看起来都美得不像话，恋爱大抵就是如此吧。

可一周后，他突然跟我他说自己有事去不了了，她不但大度地原谅他，还自己跑过去找他。

结果这一找，把原本还在的人给找没了。

是的，《重庆森林》里说人是会变的，我从不质疑，因为你很难想象，那个耐着性子给你作诗、每天早晚安问候的人，在你们上床后，就成了性格不合了，可能真的是，"性"格不合吧。

难道这社会已经成了"需要啪啪啪才能鉴定感情真伪"的状态了吗？

啪完后，要是我还抱着你睡觉愿意和你长久下去，我跟你就是爱情；

要是我对你冷淡了，那你应该早点有自知之明，知道我根本不喜欢你，还不趁早滚蛋？

他俩的确性格都很冲，可是他们上床之前，他怎么不说两个人得合适才在一起？他在昏暗的小巷子亲吻她，路过行人都在偷瞄的时候，他怎么不说性格不合了？

短信的最后他甚至连句再见都懒得说，只发了一个嗯，明月问他怎么到最后就敲了一个字？能不能认真一点？

他竟然回："打字很费劲的，认真的说——再见了。"

说实话，听到这里我已经有点炸了，这种高手已经不是打着恋爱的人旗号在"约炮"了，他分明是利用"孔乙己的精神胜利法"在自我麻痹。

他给自己营造出"其实我很努力的想和你在一起来着，但很抱歉，原来我们努力爱过后，才发现有些感情是真的不能勉强的"。

恋爱不就是难免受到伤害吗？

明明都是因为相互喜欢而在一起的，怎么就不能好好磨合一下再考虑呢？

如果每个人都是这种想法："我算什么呢？我也只是他漫漫人生中的一小段时光而已。"

那意思是我们一路只要"骑驴找马"就好，等到了适婚年龄就看着结婚好了，是吗？

而题主所说的这种困惑——"身边一些朋友分手了，但并没有表现得很悲伤难过，听到最多的理由是不合适就分手（一个多月左右）"

说的大概就是这种"短途恋爱"吧。

其实从来不是什么相处这么短的时间就能知道合不合适，而是他们压根儿打一开始，脑海里就没有相处更久的概念。

张定浩的《既见君子》里说：

"男女之间，最难的不是情爱的发生，不是熊熊烈火的燃起，而是能将这烈火隐忍成清明的星光，照耀各自一生或繁华或寂寥的长夜。"

这才是恋爱的真正意义，那些动辄就性格不合说分手的，不过是对"恋爱"的亵渎罢了。

有个朋友谈了六年的恋爱，终于还是分了手，他以为感情的磨合就是忍嘛，能忍下来，就自然谈长了，虽然到头来也只是谈得更长罢了。

但我依然很欣赏这种一开始是彼此相互爱慕，努力磨合的感情，哪怕最后无疾而终，也不枉在这爱恨嗔痴里大无畏走一遭了。

感情里哪有什么完全的匹配呀，我们又不是上天一起生产出来的配套螺丝钉和螺丝帽，你都不去努一把力，就敢在这儿张口闭口"不合适"，你恶不恶心？

最后写给像明月前男友那样的人几句：

葡萄的花是葡萄味的，香蕉的花是香蕉味的，如果你觉得你还要遇到很多人、要自由地说、要自由地过、要随心所欲活着，你觉得这是上天赋予你与生俱来的礼物，那我劝你还是保持单身，别去祸害别人。

因为像你这样随随便便就来个性格不合说分手的人啊，总有一天，会遇到一个你特别想娶的女生。

她不要你的钱，不要你的车，不要你的房，不要你的钻戒，也不要你。

怎样戒掉
对一个人的喜欢

喜欢一个人。

想俘虏她又怕惊扰她，就是变得不安，变得不像自己，坐立不安，哪怕正躺在床上也觉得何处都不是归宿。

——所以戒掉前，得先明白真正喜欢一个人是怎样的。

数学上有一种题叫"求证"，它给了你最终的结果，让你倒推过程，同理，题目里"戒掉"二字后面，其实就已经给出了这个问题的答案：

1. 把"喜欢一个人"替换掉，去喜欢两个及以上的人。

喜欢两个人。

这句话看起来很扯，但真做起来很难，不过一旦做到了，你也就赢了自己。

前几天有个读者抛给我一个问题，她说她一直很纠结，不知道自己想要的是什么，很难抉择，我一看，结果是她说自己分不清到底喜欢哪个男生。

"有两个男生，一个特别体贴，很关心我，每天跟我说天气预报，我不吃饭会给我订外卖，会给我买礼物，我构想的未来的样子，他都会帮我去实现。他比我大三岁，已经毕业了，在工作中。

另一个男生，长得很帅，但是他特别耿直，大男子主义吧，'直男癌'晚期，不会夸我，不会主动买礼物，脾气不是很好，但是很有才华，每次聊天都是我先找他，但是他说他很喜欢我，会很爱很爱我。"

看完了之后，我在"被虐"的第一反应后做出思考：她是挺幸运的，相反地也因此又带着不幸运。

因为很明显，她在享受着两份喜欢的同时，却还是不知道自己真正要的是什么，这是蛮可怕的一件事，于是我跟她说：

"你明明两个都没有很喜欢吧？"她犹豫了一下，承认了，"对呀，所以有时候才会很纠结。"

因为不清楚自己到底喜欢什么，所以当多项选择摆在自己面前的时候，你不会觉得多幸福，反而被自己的选择困难症逼得够呛。

我们都知道，两个人分手的时候，那些能保持平和冷静态度的人，反而是犯错的那个。

所以不喜欢你，就相当于有了一张很硬气的底牌在撑腰。

真正的喜欢是什么？

是每次微信一震动，我都内心一惊，仿佛接到了上帝的某种谕旨；

是翼翼小心地第一时间戳开做好了秒回的姿态，发现来消息的恰好是你，那便是中了奖；

是我假装出不紧不慢地去较真着每个字眼，我这么随性的人，甚至开始逐字逐句研究起语法的运用、语句的通顺，而你可能无心发的几条消息我都会在做着阅读理解似的看了又看。

是的，不骗人，我竟然还会有那种情况——怯懦到不敢秒回，生怕让你知道我其实一直傻愣着对着屏幕发呆，等你的消息来救救我。

倘若打开了却是广告，那我就会一口气把所有关注过的广告统统删了，可倘若发来消息的人不是你，那真的就糟糕透了……

那个误打误撞进入我俩剧本里的局外人很可怜，他会被我调低几分好感度，而我回他的消息只是出于形式，过程淡似水、不轰烈不精彩，更有甚者，谈不上回复，或许我在意识里就把它回复完了便丢了。

所以喜欢一个人真的是一件成本很高昂的事，我的时间、我的精力、我的全部神经都悬在你一个人身上。

好在数学上的平均分是对众人的公平，感情上的平均分是对自己的庇护。

那么现在的我明白了，这代价太高，在你没有表现出同等的回应前，我先去逆流而上，去多喜欢几个人好了。

2. 揪出那个人身上自己最忍受不了的缺点，渐渐就不喜欢了。

我们喜欢一个人，有时候可能是出于日久生情，可更多时候是由于打一开始我们就百米冲刺了，手捧放大镜去看对方的优点，放大再放大，再随手加点自己的意淫当佐料。

然后送自己两个字，完蛋。

每个人的时间有限，假若回顾一生，恍然自己喜欢的人都没有喜欢过自己，那也够惨的。

于是一旦感觉自己也是有些犹豫不决、温温吞吞、畏首畏尾，说明这个人还不值得被你浪费太多时间，这时候就该掏出这把杀手锏——像个小马达似的，挖尽他身上的坑。

你记得朋友聚会上，他当众炫耀过，有小女生每天在公司门口堵他给他送爱心午餐，他表面无谓实则骄傲地说着："那些饭我拿到后就扔垃圾桶了，这样傻兮兮的女孩子做的饭会好到哪儿去呀？"

你听他跟你说过，自己对把妹的各种绝学运用自如，然后把别的女生骗到手的故事。

你想起他把自己的一周才洗一次衣服的懒惰，Po到朋友圈，看似随和坦诚，其实不过是在招揽对自己有好感的女生去撩自己的假象。

……

这么想一圈下来，你已经觉得他够渣够恶心够不要脸了，或许你就会做到完完整整地把自己从他的世界里抽离，说不定日后倏然想起还在反胃。

不过如果你还是觉得他特别，你好奇就这样还能掳获众多女生一定有什么与众不同的秘密，你还感到不甘心想当那个让他为你一人拼命的"奇迹"。

那请尽管试试、披上战袍、洒满香水、勇敢爱。别怕输。不后悔。

3. 疯狂追逐一次，痛到极点，伤口愈合。

"不撞南墙不回头"，这句古话从来不是空穴来风。

大部分人从不把别人的经验当经验，觉得自己不撞个头破血流便是虚妄，觉得不体验一把都不叫活过。

如果你是第一次遇到这种情况，只能奉送一句：

"纸上得来终觉浅，绝知此事要躬行。"想在感情上成熟，不多撞上几个恶心的人，不被伤害一两次，不哭天喊地着"我失恋了"四个字，是不会自然就瓜熟蒂落的。

去受打击、去熬、去疯、去笑、去自虐，别把自己当个例外，多承受自己躲不过的"意外"，就好了。

那时候我们才开始懂：

原来神明救不了我，却是那些我避之不及的所谓的魔障救了我。

太喜欢你，
所以不准备撩你了

我撩了那么多人，但唯独你，我却按兵不动。

记不清是从什么时候开始的了，拥有了那种能力——对于发自内心喜欢的人"过于敏感"，从前对感情拎不清的我，却能辨别喜欢的深浅了，寝食难安不再了，而是惯性地被生活推着走。

我变了。变得能第一时间察觉出：

"我之前都被伤成那副人不人鬼不鬼的样子了，竟然小心脏还可以再这么不要脸地跳？"

可我非常自信啊，因为尽管接下来等待我的是满怀的诚惶诚恐，但仔细平复一下心情想一想，理智应对已不再成问题，纵使体内小鹿乱撞千百回，肢体语言和面部表情皆能配合得不动声色。

是的，我不再一腔孤勇地打一开始就做足了最后冲刺的准备，也不会捧回一箩筐的"铩羽而归"。

自上次分手后，已经过了两个月了，我又碰到一个让我一见倾心的男孩子，我知道我的心在"怦怦怦"乱跳来着，可就像我说的，当我第一时间察觉到自己这种吞了"复活币"式的触觉时，我的第一反应竟不是欣喜若狂，也不是特别想得到他，而是充满疑惑。

没错，我感谢前任留给了我这套最好的武功——万事面前，静观其变是最佳首选。

在他没有率先递给我那份以示"对我有特别兴趣"的清单之前，我必如他所愿，按兵不动，因为我明白，曾以为敌强我弱是互补，踮起脚尖爱的样子很唯美，其实势均力敌才最配。

这么多年，我接受了一件略显残酷的事实：自己的分量对大多数人来说无足轻重。

算什么呢？到头来我也只是他漫漫人生中的一小段时光而已。

我告诉自己"该来他总会来的"，刻意去争取只会换来草木皆兵，所以当我们有意无意地扯上恋爱话题的时候，我都避之不及。

而对于旁人，因为不在意，所以我说什么话、以什么方式去撩去压着嗓子喊都行，反正他们对我也造成不了多大的伤害。

可我喜欢的人就不行了，我那么会开玩笑的一人，竟然在他面前吃了闭门羹。

"哈哈，所以你谈过几次？"他似有若无地问。

"我可是老司机。"我强词夺理地接梗。

倘若他出招再污一点，我就把自己的段位调高一些，明明是小空白的我，在他面前就拉上链头，伪装出一副"踏遍风流韵事"的姿态。

"嗯。其实我也是。"

"哈哈，被我套出来了吧，其实我是小空白。"

"有我在，你就不再空白。"

"抱歉，你这套对我不起作用。"

你看就是这样，我学会了仰仗"悲观"带来的好处、提前接受最坏的结果、坚信月盈则亏的道理，而至于那场爱情马拉松到底有没有可能来，我不确定，怀有期待，却也不那么渴望了。

来了，我就配合撒丫子跑，管他妈的能跑多远呢？来不了那正好，反正我这不是也没付出呢吗？

"还好还好，不亏不亏，刚刚好。"我昂着头拍拍胸口大喘一口气，一脸庆幸。

可就在我大松一口气的下一秒，镜子里的我已经泪流不止了，从头至尾地失望。

怎么会不失望？这世界上居然没有人能揭穿我佯装那场盛大的欢腾后，其实心里是有多盼望一件事，就是自己还能再不计代价地付出一回。

我失望的是，我可能彻底失去了被骗的能力了。

如果你细心一点会发现：

我不是那个聊天会发最后一句的人；

喜欢你可能会因此和你多说两句，但再也不会为了等你迟迟不来的两句而反侧难眠；

微信置顶不再只你一个人了，看到消息也要顿两下不再秒回了。

请你相信，我只是在最缺勇气的每一天，认真爱过一个人。

所以别怪我在唇齿之间的云淡风轻，其实内心对你的爱早已雷霆万钧。

"分手"
只说一次就够了

"分手"只说一次就够了。

明明谈的只是一段感情，却三番五次地拿"分手"当枪使，最终适得其反。

你每多说一次，都会在两人原本充满信心的心脏上划上不深不浅的一小刀口，无形中，你们的关系就发生了一点微妙的化学反应。

我们大多数人的初恋，应该都说过不止一次分手吧？

高中的时候，璐璐就和班里的一个男孩子把恋爱谈得热火朝天，整个年级都知道他们俩是绑在一根绳上的蚂蚱，原因不在他们真的保持着如胶似漆，反倒是他们时而好成一个人，时而又在放学路上公然给对方甩脸色。

他们特别好的时候呀，一向压点到教室的他，却能早起一刻钟，只为跑到与学校反方向的那家蒸饭摊，让她吃上一份名为"全家福"的爱心早餐，且日日如此。

可这种情况也让我们羡慕不了多久，因为璐璐特别热衷说分手。

在这件事上，璐璐有她自己的一套证词——我就是要试探试探而已，看看他能有多爱我。

于是就有了"冷战期"，他们明明一起下课，放学路上却一前一后，假装保持着"安全距离"，看得我们都直摇头。

事实上，女孩子在很多事上喜欢口是心非，这也是《我的少女时代》大火的原因，她们说"不想理你"，只是想说"她很在乎你"，同理可得，她们说这种"恐吓"式的分手，不过是在等你挽留，希望你以此为戒、多多把关注点移向她。

因为她们发现在第一次说"分手"的时候，最初那个好得要命的男友确实回来了，嘘寒问暖、无微不至，于是她给自己下了定义，这种"杀手锏"以后可以常用。

可是她忘了：

哪怕是会回到原点的弹簧，也是有弹性系数，有阈值的，一旦被反复拉扯，那就再也无法还原了。

其实反复把"分手"挂在嘴边，也是"作"的一种形式。

这就是为什么女孩子更多是说出"分手"二字的一方，因为她们较容易情绪化、需要泄欲和快慰，需要借此得到存在感。

而男生的"分手"，多数是一招致命，他们更多倾向于理性，反复思量之后就基本定型了，那时候女生再想挽回啊，十头牛也难。

他们觉得，不爱就是最好的理由。

继续说璐璐，后来她接连说了四五次分手，却再也尝不到第一次的"甜头"。

她不死心，她一个劲儿"分手分手"地说，却换来对方一句"好的"，连个标点符号都懒得发了。

璐璐整个人都蒙了，当初那个每天为她早起的懒虫、为她和老师家长翻脸翻得义无反顾的男生，难道都是假的吗？

不，都是真的。

正因为是真的，所以他发觉她可以把"分手"说得那么轻松时，他看着自己拿命珍惜的感情被人随意处置时，他突然开始怀疑——自己以往的容忍，是不是一种病态又高傲的爱。

他想要放弃了，她发了疯地怪他："明明是你先靠近我的，凭什么最后恋恋不舍的是我！"

她不知道，有时候男孩子挺"一根筋"的，他压根不懂你的故作矜持，你的欲言又止里都包含了什么啊。

他只是感到和你在一起太累了。

毕竟，没有谁真的离开谁就不能活。

后来，我们并不是越爱越勇，只是学会了不轻易说分手，因为我们知道，有话可以好好说。

但倘若某一方先提了分手，再多的话都成了多余。

是啊，如若仅仅是恶意，是不至于让一个人萌生出"全身而退"这种想法的，最后一定是因为，对爱意的失望。

那么日后，请一定要真到了万不得已再说分手。

毕竟，宁可你的人生多一份遗憾，也请别再多附送双方一打折磨。

是不是男性
更容易从失恋中恢复

他那不叫失恋，那是压根儿"没爱过"。

感情这件事，是最不讲逻辑和道理的。

"提分手"的那个可能还爱得深沉，不爱的那个用沉默回答。

我有个关系很好的男性朋友，S。

有回一起出去玩，在出租车上无聊，他就给我看了最近他同时在聊的几个女孩子——一个在国外读大学；

一个在北京刚毕业准备出国；

还有一个在上海读研究生。

这三个女孩儿有一个共同特点：好看。

我说，你同时吊着那么多人，不累吗？

他说，不会啊……我正常的工作时间里不允许她们耽误我，但空闲时间，就取决于她们的漂亮程度，和我的心情去回复。

"反正，每一个我都不那么喜欢。"

那一刻，我终于明白：他为何能做到"片叶不沾身"，一年里恋人换了又换；而我的爱情，却积攒了一层厚厚的灰，许久不来人。

可能是我太幼稚，不论遭遇怎样的重创，依然相信爱情。

坚信，只爱一个人才是最幸福的。

于是，在接下来的两天里，我亲眼目睹了他对待她们的待遇，判若云泥。

那个在上海读研的女生，算是三个里面颜值最靠后的一位，除此以外，好像还不太会聊天，她总是给他不断地发消息，也不管他有没有回复。

他们明明还没确定关系，她却仿佛已经把他当成了自己的男朋友，希望他随时汇报动态。

"这么多消息，怎么不回她？"我问S。

"她太不懂男生了，我这种爱理不理的表现，已经表明我的态度了，她一点儿也不识趣。

不过，主要还是她没其他两个好看。"

S这么跟我说的时候，我惊讶得说不出话。

我眼睁睁地看着他，给这个女生回了一句"我要睡了"后，给在北京的那个姑娘打了电话。

同样的问题，S却愿意立刻打电话给她解释了一大通。

他说："你看，北京的这个就很懂，我不回复她就没再给我消息，只有到了有工作上的事才问我，长得也比她好看，就是不一样。"

果然没过几天，S跟我说，我跟北京这个确立关系了。

那国外那个呢？

国外的再说吧，等她暑假回国，我跟这个可能就掰了吧？

"……"我听完，一阵无语。

其实，S在大学那会儿，根本不是这样子的。

大一时，他谈了第一个女朋友，两个人浓情蜜意，却只到了牵手的地步就解散了；

大三时，他以为自己已经有一些经验了，却没想到撞见个"段位极高"的女孩子……

她既不拒绝他行动上的好意，却总能把心的距离推到千里之外，他也曾有过错觉，以为她是他的。

可同时，她和一个30岁的男人同居了。

那时，S很受打击，但他即便知道了这些，还是抱着那种侥幸心理，以为能把她追回来。

可结局是：他一个人躲在宿舍喝了一个月的闷酒。

他告诉自己，不要再跟任何人缔结一段固定的情感关系。

后来连续整整三年，他没有再碰过感情这个东西，直到工作这两年，他才断断续续谈了几段"不了了之"的感情，但再也找不到当年那种刻骨铭心了。

他不是没在深夜发过微博："不过是想找一个人，好好爱，我好久没爱了。"

然后第二天醒来，继续投奔到"互撩阵营"去，不走心的那种。

其实他现在正喜欢一个在重庆的女孩儿……他却不敢"轻举妄动"了。

"我怕靠近后，只会永远失去她。"从此，我只能和我不那么爱的人在一起。

这两天端午节，和弟弟一起吃饭，他坐在我旁边，递给我看他为自己心仪的小姐姐写的微博，一句句浓情蜜意，一句句豪情壮志。

那一刻我突然有点伤感，又有点羡慕，我怕他迟早会成为第二个S先生，羡慕他还处于这种张皇失措的阶段。

虽然两情相悦很美，美得让人想流泪。

但S自己的爱情呢?

就像是一只不断被倾注氢气的气球，在他当年看见喜欢的女孩儿跟30岁男人走进同一间屋子的那一刻。

它"啪"的一声，破了。

而现在这几个女生，他都没爱过，所以现在对于他来说，和谁分手，如何分手，他都可以迅速恢复，甚至不用恢复。

但请记得：曾经他也爱得痛得死去活来，也孤注一掷过。

婚内遇上今生挚爱
要离婚吗

其实任何人都有出轨的可能性。

假使你想看清一个人的本质——就看他在面对两难时，最终会做出怎样的抉择。

陈奕迅在《远在咫尺》里这么唱过：

"一起这种艺术，若果只是漫长忍让，应感激忠心的伴侣。"

没错，真的是应该"感激"。

毕竟，很少有人能在感情里"从一而终"，那只是一种选择，绝非必然。

我有个表哥结婚快五年了，前段时间假期来我们家玩，和我聊到感情的事。

他很优秀，事业蒸蒸日上，也正因此，即便他总是对外声称了自己已婚，依然不乏好看的灵动的有才华的小姑娘，想跟他在一起。

而他跟我说，前段时间自己的确对一个比我大不了多少的女生"心动"了，但他仅仅是"点到为止"。

享受完那份心动，刹车，及时止损。

我听到这个故事顿时眼前一亮，好奇，戏谑地问他，是因为表嫂太漂亮了你舍不得吗？

他笑着说：

恰恰相反。

你表嫂结婚这几年，特别是有了孩子之后，已经胖了好几圈啦！但当那些年轻貌美又很有思想的女孩子想跟我进一步发生关系时……

我回响起当初我和你表嫂也是因为爱在一起的；

我们因为爱喜结连理；

因为爱买了共同喜欢的一款车；

一起凑钱买了讨论几个日夜决定的房子；

现在怎么可能因为仅仅是因为对一个小女孩儿的好感，一个是人都会有的"正常情绪"，就放弃掉那么多？

同样的一份东西啊，吃到第二份就难免变味了。

我当时听完特别感动。

因为一个人在正常情况下的所作所为，并不能判断他是怎样的一个人，而是看他在特殊情况下，最后会怎样做。

能克制并约束自我行为的人，才算一个真正意义上"心智成熟"的人。

我还遗憾的是——一直以来，自己从来没有感受过那种被人坚定选择的感觉，就像是，他只是刚好需要，而我只是刚好就在。

是啊。

就算是"一见钟情"的感情，也总有荷尔蒙消退、短暂冷却的时候，但倘若有一方觉得极度寂寞空虚，而这时候再半路杀出一个程咬金，难道就一定要"只见新人笑，不见旧人哭"吗？

那样不过是，在重复你和旧人的种种——当你和新人重新经历牵手、拥抱、接吻，甚至更进一步的关系时会惊讶地发现：

整座城市里到处充斥着旧时回忆。

这条街，你跟他一起走过；

这家凉粉店，你跟他一起吃过；

这个乞丐，你跟他一起给过钱。

这一切，也不过是昔日的浮光掠影，你和又一个人再经历一遍。

可你忘了，当初你和她结婚的心并没有说谎，现如今你想"见异思迁"，想和所谓的"今生挚爱"在一起，不过是拆东墙补西墙罢了。

任何以无耻情欲开头的感情，最终也会以无耻情欲结束，不会太长远的。

前任怎么就不能联系？
万一成备胎了呢

有人问："为什么不能和前任联系？"

因为我不想让他的风吹草动，变成我的波澜壮阔。

想当初。

· 我用十秒钟，删去了他所有的联系方式；

· 用十分钟，扔掉了他送的所有礼物；

· 用十个小时，看完并清空了所有的聊天记录；

· 再用十天的时间，让输入法不再默认打出他的名字；

· 终于等到十个月后，我以为自己放下了一切。

可那一天还是来了……

他不知道从哪儿冒出来，用一句不到十个字的问候，轻松将我之前做的全部努力一一唤醒。

我才懂：

那些花了好久才想明白的事，全来自于我的"自欺欺人"。

或许，他依然会和我在一起，在每周的星期八、每月的三十二号、每年的十三月份。

他不是会说分手的人，却尤其擅长逼你说分手。

——明明是他没有在约定的时间出现，却三番五次告诉你："等不到，就别等了。"

——他想和你说话的时候，用黏人的语气不让你睡；他不想和你说话的时候，就可以随意敷衍你，甚至敷衍都嫌费事。

——他当初说是你的小太阳，你激动得以为他要照亮你一生，却忘了，你只是那颗围着他转的地球。

可《彩虹》里唱：没有地球，太阳还是会绕。

"谁让我难过，我就离开谁。"你这么告诫自己。

所以你急不可耐地想跟他断绝关系，因为你无法做到平静地看着他将来的幸福中，没有你的身影。

当初你竭尽全力地闯入过，现在也该是竭尽全力撤离的时候了。

· 不必再花千百次凝视着他不再跳动的头像；

· 不必再反反复复把手指从绿色的呼叫键上移走；

· 不必再纠结于是发送还是删除你对话框里刚写满的那洋洋洒洒的字句。

你终于看不到他的动态了，而是多了一个"只能看资料却不能添加"的未亡人。

这不是幼稚，你很清楚：

但凡有一个理由能让你留下，你都不会走。

可你再找不到理由了。

分手后，你逼着自己走在了"为前任后悔而奋斗终生"的路上。

慢慢地，你越来越活成了大家有目共睹的优秀，可你不找他，不代表他不会找到你。